Flugschule für RC-Hubschrauber-Piloten
Dave Day

Titel aus der Buchreihe
»Fachwissen Modellbau«

Flugmodelle nach Bauplan – selbstgebaut
David Boddington
Best.-Nr.: FM 1

Scale-Segler – gut vorbereitet fliegen
Charles Gardiner
Best.-Nr.: FM 2

Folienfinish für Flugmodelle
Ian Peacock
Best.-Nr.: FM 3

RC-Hubschrauber – richtig abgestimmt fliegen
Dave Day
Best.-Nr.: FM 4

RC-Motormodelle – fliegen lernen
David Boddington
Best.-Nr.: FM 5

RC-Einbau in Flugmodelle
Peter Smoothy
Best.-Nr.: FM 6

Motoren für Flugmodelle
Brian Winch, David Boddington
Best.-Nr.: FM 7

Flugschule für RC-Hubschrauber-Piloten
Dave Day
Best.-Nr.: FM 8

Formenbau und Glasfasertechnik
für Flugmodelle
Peter Holland
Best.-Nr.: FM 9

Kunstflug mit ferngesteuerten Modellen
Charles Allison, Andy Nicholls
Best.-Nr.: FM 10

Der Antrieb im Impellerflugmodell
David James
Best.-Nr.: FM 11

Neue Titel in Vorbereitung

Flugschule für RC-Hubschrauber-Piloten

Dave Day

2. Auflage

Verlag für Technik und Handwerk
Baden-Baden

Fachwissen Modellbau
Best.-Nr.: FM 8

Die Deutsche Bibliothek – CIP-Einheitsaufnahme

Day, Dave:
Flugschule für RC-Hubschrauber-Piloten / Dave Day. [Aus dem Engl.
übers. von Werner Groth] – 2. Aufl. – Baden-Baden : Verl. für Technik
und Handwerk, 1994
  (Fachwissen Modellbau; 8)
  Einheitssacht.: Learning to fly radio control helicopters <dt.>
  ISBN 3-88180-408-0

NE: GT

ISBN 3-88180-408-0

© 2. Auflage 1994 by Verlag für Technik und Handwerk,
Postfach 2274, 76492 Baden-Baden

© 1990 by Argus Books Ltd., London
Aus dem Englischen übersetzt von Werner Groth

Printed in Germany
Satz und Druck: Fortuna-Druck, 76449 Kuppenheim

Inhalt

Kapitel 1
Einführung

Der Zweck dieses Buches ist zu erklären, wie man funkferngesteuerte Modellhubschrauber fliegt. Ich gehe weniger auf die damit verknüpfte Frage der Einstellung des Modells ein. Dazu empfehle ich aus der gleichen Serie den Band »RC-Hubschrauber – richtig abgestimmt fliegen«.

Wer in dieser fesselnden – und süchtig machenden – Art des Modellfliegens neu ist, dem kann ich nicht oft genug und immer wieder sagen, daß die beiden wichtigsten Voraussetzungen zum Erfolg, außergewöhnliche Beharrlichkeit und die Hilfe von Erfahrenen sind.

Viel Glück!

Kapitel 2
Die Funkfernsteueranlage
Standard- oder Hub-
schrauber-Fernlenkanlage

Beim Bau des ersten funkferngesteuerten Hub-schraubermodells muß man zuallererst über-legen, welche Funkfernsteueranlage einge-setzt werden soll. Es gibt zwei grundsätzliche Arten von Fernlenkanlagen – für Flächenflugmodelle und für Hubschraubermodelle. Für besondere Zwecke gibt es noch andere Arten, aber diese sollen in diesem Buch nicht behandelt werden.

Der wichtigste Unterschied zwischen den beiden Ausführungen sind die zwei getrennten Kanäle zur Steuerung der Drossel und der kollektiven Blattver-stellung bei der Anlage für Hubschrauber, die beide auf einer Achse eines Steuerknüppels liegen. Es sind also wenigstens fünf Kanäle erforderlich. Dies bedeutet ohne wenn und aber, daß eine Fernsteuer-anlage für Hubschrauber etwas mehr kostet, als eine

Abb. 2.1   Der »Sport 500« ist ein Beispiel für einen einfachen, drehzahlgesteuerten Anfänger-Hub-schrauber.

Abb. 2.2 »Magic« ist der neueste Schlü-ter-Hubschrauber. Er hat eine komplexe Mechanik und ein hohes Fluggewicht; in diesem Fall 5,216 kg. Der Webra/Schlü-ter-Motor hat eine ausgezeichnete Lei-stung, aber die hohe Kompression kann zu Startschwierigkeiten führen.

Grundausrüstung für Flächenmodelle, die nicht mehr als vier Kanäle haben muß.

Die Entscheidung hängt in gewissem Grade offensichtlich davon ab, ob man bereits eine Funk-fernsteueranlage für Flächenflugmodelle hat und wieviel man für das erste Modell ausgeben will. Jedes Hubschraubermodell kann mit einer Vierkanal-Anlage für Flächenflugmodelle geflogen werden. Das Einstellen wird jedoch schwieriger und wenn man einmal gelernt hat sein Modell zu fliegen,

dann ist man sehr eingeschränkt. Dieser zuletzt erwähnte Punkt ist sehr wichtig, da man wirklich keine Hubschrauber-Funkfernsteuerung benötigt, bis man das Fliegen gelernt hat.

Ein weiterer Punkt ist die Art des Modells. Es gibt zwei Arten von Hubschraubermodellen – solche mit Permanentpitch der Rotorblätter und solche mit verstellbarem Pitch. Permanentpitch-Modelle sind wesentlich einfacher. Sie waren bereits einmal in Gefahr völlig zu verschwinden, bis man sich be-

Abb. 2.3 Die Futaba FC-28 ist eine typische Hi-Tech-Fernsteuerung mit unzähligen Programmiermöglich-keiten.

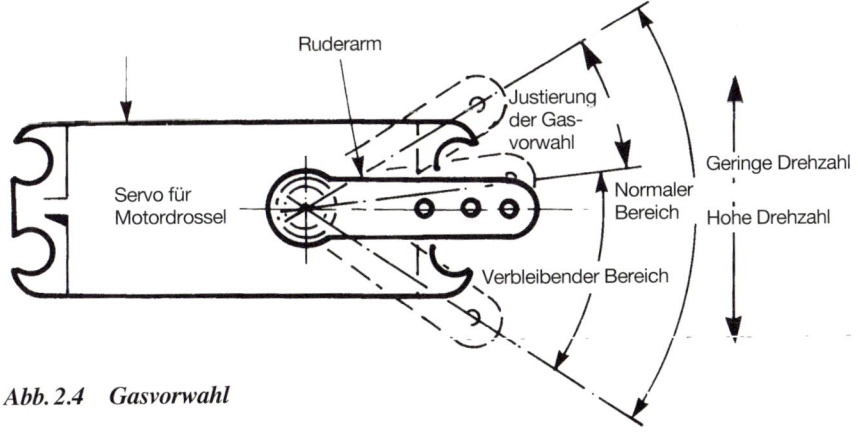

Ruderarm

Justierung
der Gas-
vorwahl

Servo für
Motordrossel

Normaler
Bereich

Verbleibender Bereich

Geringe Drehzahl

Hohe Drehzahl

Abb. 2.4   Gasvorwahl

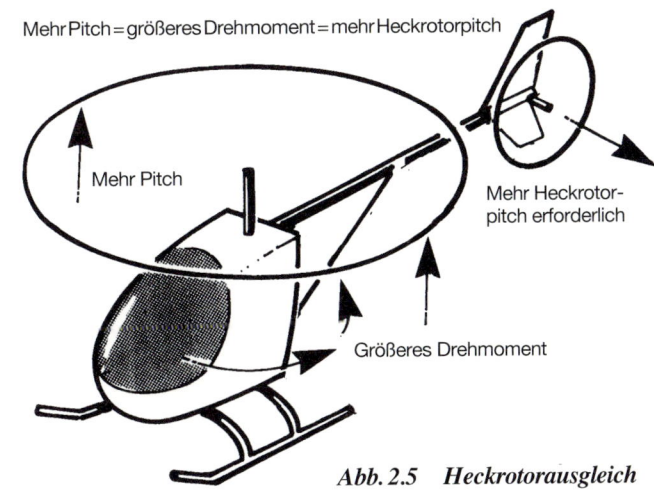

Mehr Pitch = größeres Drehmoment = mehr Heckrotorpitch

Mehr Pitch

Mehr Heckrotor-
pitch erforderlich

Größeres Drehmoment

Abb. 2.5   Heckrotorausgleich

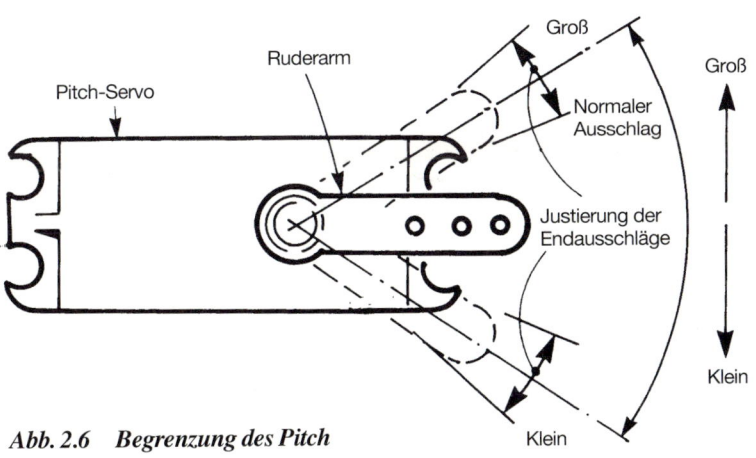

Pitch-Servo

Ruderarm

Groß

Groß

Normaler
Ausschlag

Justierung der
Endausschläge

Klein

Klein

Abb. 2.6   Begrenzung des Pitch

11

sann, daß sie eine preiswerte Möglichkeit zum Fliegenlernen sind. Sie erfordern nur eine einfache Vierkanalanlage und wenn man bereits eine solche Anlage besitzt, spricht vieles für sie.

Beginnt man aber von Anfang an und stehen die Mittel zur Verfügung, dann empfehle ich den Kauf einer Grundausstattung für Hubschrauber, die immer noch in einem Modell mit Permanentpitch eingesetzt werden kann, aber auch eine große Hilfe ist, wenn ein Modell mit verstellbarem (kollektivem) Pitch hinzukommt.

Bevor es mit der Beschreibung der Hubschrauber-Funkfernsteuerungen weitergeht, wollen wir das Obengesagte zusammenfassen:

● Jedes Modell kann mit einer Vierkanal-Funkfernsteuerung (»Flächenmodell-Anlage«) geflogen werden.
● Modelle mit Permanentpitch benötigen ohnehin nur vier Kanäle.
● Fünfkanal-Hubschrauberanlagen bieten bei Modellen mit kollektiver Blattverstellung (Pitch) Vorteile; diese treten aber erst hervor, wenn man gelernt hat zu fliegen.

Steuermöglichkeiten bei Hubschrauber-Anlagen und ihr Gebrauch

Neben dem zusätzlichen Pitchkanal haben Fernlenkanlagen für Hubschrauber folgende Mindestausstattung:

1. Eine Möglichkeit, den Drosselkanal in einer vorbestimmten Stellung »einzufrieren« (Festlegung der Knüppelposition bei Autorotation mittels Schalter). Sie kommt bei Autorotations-Landungen zum Einsatz (siehe Kapitel 8).
2. Eine Vorrichtung zur Erhöhung der Motordrehzahl, wenn der Knüppel für Drossel/Pitch in der Stellung »niedrig« steht (Gasvorwahl-Schalter) (Abb. 2.4). Sie kommt beim Kunstflug zum Einsatz (siehe Kapitel 9).
3. Ein System zum Ausgleich der Wirkung am Heck (Mischung Drossel/Heckrotor), das die Heckrotortrimmung verändert, um Veränderungen der Motorleistung (Drehmoment) auszugleichen (Abb. 2.5).
4. Die meisten Anlagen für Einsteiger bieten jetzt auch die Möglichkeit, die Ausschläge des Pitch-Kanals zu justieren (Justierung der Endstellung). Der Drossel-Kanal wird dabei nicht beeinflußt (Abb. 2.6).

Komplexere – und teurere – Anlagen haben für alle Kanäle eine Justiermöglichkeit für den Endausschlag, maßgeschneiderte Ausschläge für Pitch und Drossel, dazu zwei Einstellungen für die Gasvorwahl mit verschiedenen Pitchbereichen und verschiedenen Mischkombinationen. Sie sollen das Fliegen des Modells einfacher machen und es an die Erfordernisse des Wettbewerbsfliegens anpassen. Die neueren Entwicklungen bei den Fernsteueranlagen haben Computer, mit denen man das alles vorprogrammieren kann. Sie können sogar alle Werte für mehrere verschiedene Modelle speichern. Das ist dann das Tüpfelchen auf dem I. Die obengenannten Punkte 1 bis 4 sind Grundvoraussetzung.

Kapitel 3
Stabilisierung durch Kreisel

Erwarten Sie nicht das Unmögliche

Ein Kreisel-Stabilisator besteht aus einem kleinen, sehr schnelldrehenden, durch Motor angetriebenem Schwungrad. Es kann die Bewegung des Modells um jede beliebige Achse fühlen und diese durch das zuständige Servo ausgleichen. Diese Beschreibung ist absichtlich nicht spezifisch gewählt, weil ein Stabilisierungskreisel auf jeder Achse jedes Modells eingesetzt werden kann. Aus

Gründen, die hier nicht zu interessieren brauchen, wird er fast ausschließlich für das Heckrotor-Servo von Hubschraubermodellen eingesetzt, um die Hecksteuerung zu unterstützen. Sie sind als Heckrotor-Kreisel bekannt oder einfach als »Kreisel«.

Beachten Sie, daß von der »Unterstützung« der Hecksteuerung die Rede war. Es gibt immer noch Leute, die glauben (vielleicht sollte man besser

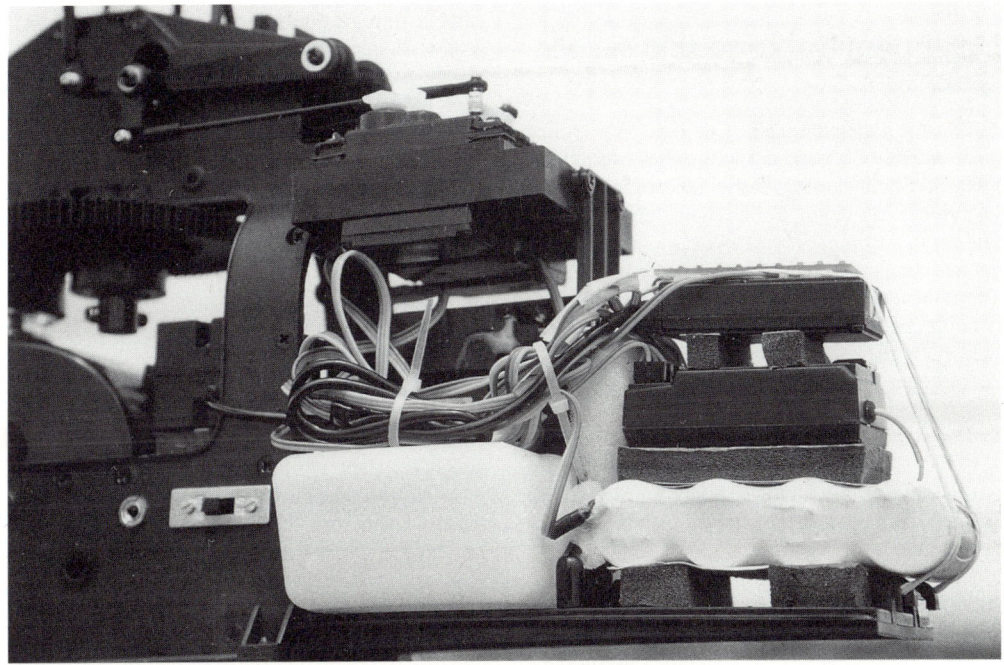

Abb. 3.1   Typischer Einbau in einem Hirobo »Shuttle«. Der Empfänger ist mit Klebeband an der Batterie befestigt — Gummibänder geben zusätzliche Sicherheit.

sagen »hoffen«), daß ein Kreisel die gesamte Steuerung des Hecks übernehmen kann und der Pilot sich somit auf andere Dinge konzentrieren könne. Nur ein wenig Nachdenken zeigt aber, daß es diesen Idealfall überhaupt nicht geben kann, weil ein Kreisel erst dann reagieren kann, wenn irgendetwas erst einmal geschehen ist. Das bedeutet, daß auch der beste Kreisel immer etwas zu spät kommen wird, um irgendeine unerwünschte Bewegung des Modells zu verhindern. Beachten Sie auch, daß wenn eine bestimmte Bewegung erst einmal eingetreten ist, der Kreisel versuchen wird, diese zu erhalten. Was ein Kreisel aber tatsächlich erreicht ist die Dämpfung unerwünschter Bewegungen und der Pilot bekommt so mehr Zeit zu reagieren. Es ist wichtig einmal zu sagen, daß alle der derzeit besten Modellhubschrauber-Piloten gelernt haben diese zu fliegen, bevor es einen einsatzfähigen Kreisel gegeben hat. Sie mußten den steinigen Weg gehen und das kann, mit entsprechender Entschlossenheit, jeder andere auch. Der Kreisel hat das Fliegenlernen viel einfacher gemacht, wenn man aber erst einmal über die ersten Hürden gekommen ist, bügelt er lediglich manches aus und läßt Sie sauberer fliegen.

Unter dem Gehäuse sind sie alle gleich

Es ist schon erstaunlich, wie viele Variationen einer eigentlich gleichen Sache es im Modellflug gibt. Ein Stabilisierungskreisel besteht im Grunde genommen aus einem Schwungrad, dessen Motor und der Elektronik. Er wird zwischen den Empfänger und das Servo für den Heckrotor geschaltet. Oft gibt es da noch ein weiteres Kabel, das am Empfänger eingesteckt wird und dazu dient, die Empfindlichkeit der Kreiselelektronik vom Empfänger aus zu variieren. Hier sind wir nun bei der ersten von vielen Möglichkciten, die Empfindlichkeit stufenlos zu verstellen oder der Wahl zwischen zwei verschiedenen Werten. Die beiden Werte können normalerweise durch eine Vorrichtung am Kreisel selbst verändert werden oder in einigen Fällen auch am Sender.

Manche Baumuster erfordern einen besonderen Akku. Die meisten werden aus dem gleichen Akku gespeist, der auch den Empfänger und die Servos versorgt. Wenn aber eine einzelne Stromquelle sowohl für den Empfänger als auch für den Kreiselmotor verwendet wird, dann hat der mit der Funkfernsteuerung normalerweise gelieferte Akkupack nicht genügend Kapazität, um ausreichende Betriebssicherheit zu gewährleisten.

Gewöhnlich hat ein solcher Akkupack eine Kapazität von 500 mAh. Bei einem Flugmodell mit kollektiver Blattverstellung, fünf Servos und einem Kreisel ergibt das voll geladen eine Betriebszeit von nur 20 bis 25 Minuten, bestimmt aber nicht mehr als einer Stunde.

Die meisten Hersteller können jedoch dazu einen Akku mit größerer Kapazität liefern. Er hat dann gewöhnlich 1000 oder 1200 mAh. Auch wenn ein solcher Akku eingesetzt wird, sollte man keine sichere Betriebszeit von mehr als etwa einer Stunde erwarten. Die Abkürzung »mAh« steht für Milliamperestunden. Ein Akku mit einer Kapazität von 500 mAh kann einen Strom von 50 Milliampere (mA) zehn Stunden (h) lang liefern, oder 500 mA eine Stunde lang, usw.

Vergewissern Sie sich, daß er Ihnen hilft!

Ein wesentliches Erfordernis vor dem erstmaligen Fliegen eines Hubschraubers mit Kreisel ist sich zu überzeugen, daß er in die richtige Richtung wirkt. Das bedeutet, wenn das Heck des Modells beginnt nach links zu drehen, muß der Kreisel so korrigieren, daß sich das Heck nach rechts bewegt. Geschieht dies nicht, dann verschlimmert der Kreisel nur noch jede Unstabilität und führt zu einer von keinem durchschnittlichen Piloten mehr zu beherrschenden Situation.

Die Auswirkung eines am Sender gegebenen Steuerbefehls auf das Modell kann auf verschiedene Art verändert werden. Rein mechanisch erreicht man dies durch Veränderung der wirksamen Länge des Servohebels und des Anlenkhebels für den Heckrotorpitch. Wird der Servohebel verlängert oder die Länge des Anlenkhebels für den Pitch verringert, dann wird die Wirkung verstärkt.

Viele moderne Funkfernsteueranlagen gestatten diese Veränderung der Steuerwirkung, wie bereits beschrieben, vom Sender aus. In diesem Fall muß man einfach darauf achten, daß die Mechanik mehr als ausreichenden Steuerausschlag gewährleistet und stellt dann am Sender nach. Es ist zu beachten, daß durch den Sender die Wirkung nur verringert werden kann; man kann den Ausschlag nicht größer machen, als das Gestänge erlaubt.

Man beachte außerdem, daß die Steuerwirkung des Kreisels durch die mechanische Übertragung ähnlich eingeschränkt ist und man auch hier die Wirkung nur verringern kann.

Beim Anfänger soll normalerweise die Steuerwirkung am Modell minimal sein, um ein Übersteuern zu verhindern. Der Kreisel hingegen soll möglichst stark wirken, um beim Lernen hilfreich zu sein.

Man muß sich vor zwei Fallstricken in acht nehmen:

1. Das mechanische Steuergestänge wird so eingestellt, daß man einen sehr großen Steuerbereich erzielt, der dann durch die Ruderwegeinstellung am Sender auf ein richtiges Maß gebracht wird. Der Kreisel wird dann immer noch überempfindlich reagieren und es ist sehr schwierig, die

Abb. 3.2   Der Hirobo »Shuttle«, ein sehr einfaches Modell, wird durch einen glasfaserverstärkten Rumpf zu einer überzeugenden »Bell 222«. Ein sehr einfaches Einziehfahrwerk ist ebenfalls erhältlich.

Steuerung der Kreiselwirkung auf einen vernünftigen Grad einzustellen. Ein übersteuernder Kreisel führt zum Hin- und Herpendeln des Hecks. Dann kann es zum Abstellen des Pendelns, erforderlich werden, die Kreiselwirkung so weit zu verringern, daß er nur noch gering, wenn überhaupt wirkt.

2. Wird andererseits aber die Steuerempfindlichkeit mechanisch so verringert, daß das Modell einfach zu fliegen ist, dann kann der Kreisel vielleicht sogar zu wenig angesteuert werden, um überhaupt irgendeine Wirkung zu haben.

In beiden Fällen kommt man zu dem Schluß, daß der Kreisel seiner Aufgabe nicht gewachsen sei.

Tatsächlich aber liegt das Problem in der Justierung der Rudergestänge des Modells. Hier ist ein erfahrener Helfer gefragt und nicht mit Gold aufzuwiegen.

Die richtige Einstellung kann nämlich nur durch das Fliegen des Modells ermittelt werden. Alles muß dabei so eingestellt werden, daß der Kreisel richtig wirkt.

Dann stellt man das Heck so ein, wie der betroffene Pilot am besten damit zurechtkommt. Dieser Punkt allein hat mit größter Wahrscheinlichkeit dazu geführt, daß sich viele Anfänger mit einem unbeherrschbaren Flugmodell quälen, das durch eine richtige Einstellung vollständig verwandelt werden könnte.

Kapitel 4
Schwebeflug

Erste Versuche

Wahrscheinlich ist einer der häufigsten Schäden, die das Modell eines Anfängers erfährt, der durch Anschlagen der Hauptrotorblätter an den Leitwerksträger.

Bei einer Überprüfung jedes herkömmlichen Modells wird man feststellen, daß dies nicht möglich ist, da es unglaublich viel Kraft erfordert, die Rotorblätter auch nur in die Nähe des Leitwerksträgers zu bringen. Trotzdem, die Kräfte, die auf das Modell einwirken, wenn es zur Vermeidung eines Absturzes in recht unkonventioneller Weise auf den Boden »geknallt« wird, reichen mehr als aus, das unmöglich Erscheinende mit deprimierender Regelmäßigkeit immer wieder geschehen zu lassen.

Das erste Anzeichen wirklichen Fortschritts beim Fliegenlernen ist, wenn solche Zwischenfälle selte-

Abb. 4.1   Ein typisches Trainermodell ist der Scout von Robbe/Schlüter. Eine wartungsfreundliche und robuste Konstruktion.

ner werden und irgendwann zur echten Rarität, obwohl man am Modell überhaupt nichts verändert hat. Zum Glück ist es möglich, wenn das Modell über kollektive Blattverstellung verfügt, die Chancen, daß solches eintritt, schon früh zu verringern, indem man das Modell richtig einstellt. Viele Hersteller geben Anweisungen, wie der Pitchbereich ihrer Modelle einzustellen ist. Diese richten sich gewöhnlich an Modellflieger, die ihr Modell schon recht ordentlich beherrschen und nun Kurse fliegen oder auch Kunstflug machen möchten, wozu dann etwas negativer Pitch erforderlich ist.

Für den Neuling aber ist diese negative Blattwinkeleinstellung genau nicht erforderlich und es wird empfohlen, daß die Rotorblätter mit + 1° ihren geringsten Pitch erreichen. Dies gewährleistet, daß beim plötzlichen Zurücknehmen des Drosselknüppels und hartem Aufsetzen des Modells auf den Boden, die Rotorblätter immer noch tragen und nicht an den Leitwerksträger schlagen. Glauben Sie aber bitte nicht, daß dies die vollständige Lösung des Problems ist; es wird nur geringer.

Wie Sie nun den Pitchwinkel Ihrer Rotorblätter bestimmen hängt zum Teil davon ab, welchen Hubschrauber Sie besitzen und auch davon, wie tief Sie in die Tasche greifen. Es werden verschiedene Vorrichtungen angeboten, um den Pitchwinkel mit unterschiedlicher Genauigkeit zu messen, aber, wie bei allem, gute kosten viel Geld. Einige Hersteller legen ihrem Baukasten Lehren aus Holz oder Kunststoff bei, mit denen man den Pitch auf den empfohlenen Bereich einstellen kann. Wird sie aber nicht mitgeliefert, so ist es nicht zu schwierig, sich eine selbst herzustellen (Abb. 4.2).

Einstellung der Blattspur

Beim Bau des Modells ist es wichtig, die Spitzen der Rotorblätter in verschiedenen kontrastierenden Farben zu streichen. Beim ersten Laufenlassen sollte man die Blattspitzen sorgfältig beobachten, wenn das Modell gerade eben abheben will.

Es ist fast sicher, daß sich die Spitzen nicht genau auf der gleichen Spur drehen. Durch die verschiedenen Farben sollte es möglich sein festzustellen, welches Blatt zu hoch und welches zu tief dreht (Abb. 4.3).

Der Pitch eines jeden Blatts muß justiert werden, bis beide Spitzen genau auf gleicher Ebene drehen oder auf der gleichen Spur. Es gibt verschiedene

Wege, dies zu erreichen, abhängig vom Hubschrauber, und man sollte sich bei seinem Modell an die Empfehlungen des Herstellers halten.

Wenn man den Pitch der Rotorblätter durch eine Pitchlehre ermittelt hat, so werden die sorgfältigen Einstellungen dadurch natürlich über den Haufen geworfen. Hier muß man bei Einstellung eines Blattes besonders sorgfältig sein und dann alle Blattspurjustierungen am anderen Blatt vornehmen.

Einige Baumuster erfordern eine Blattspureinstellung im Stand, bevor irgendein Lauf stattfindet.

Abb. 4.2 Selbstgebaute Pitchlehre

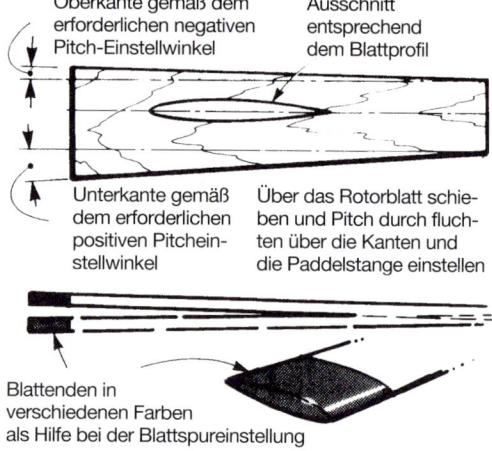

Oberkante gemäß dem erforderlichen negativen Pitch-Einstellwinkel

Ausschnitt entsprechend dem Blattprofil

Unterkante gemäß dem erforderlichen positiven Pitcheinstellwinkel

Über das Rotorblatt schieben und Pitch durch fluchten über die Kanten und die Paddelstange einstellen

Blattenden in verschiedenen Farben als Hilfe bei der Blattspureinstellung

Abb. 4.3 Blattspurprüfung

Dazu stellt man das Modell auf eine ebene Unterlage. Man mißt die Höhe einer Blattspitze, dreht den Rotorkopf um eine halbe Umdrehung und mißt die Höhe des anderen Rotorblattes. Ohne das Modell zu bewegen werden nun Justierungen vorgenommen, bis gewährleistet ist, daß beide Rotorblattspitzen über einem und demselben Punkt gleich hoch stehen (Abb. 4.4).

Das erste Abheben

Man kann es nicht oft genug wiederholen: Die wichtigste Voraussetzung beim Fliegenlernen von Hubschraubermodellen ist zähe Beharrlichkeit! Es gibt überall in der Welt Leute, die sehr schnell und mit geringen Schwierigkeiten fliegen gelernt haben.

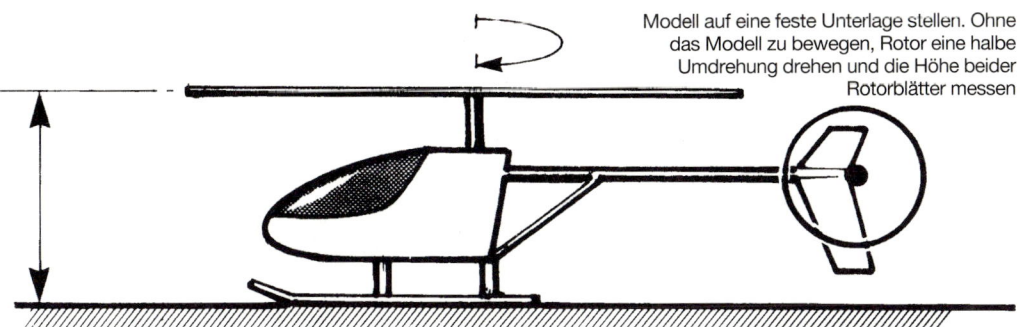

Modell auf eine feste Unterlage stellen. Ohne das Modell zu bewegen, Rotor eine halbe Umdrehung drehen und die Höhe beider Rotorblätter messen

Abb. 4.4   Statische Blattspurprüfung

Sie können aber sicher sein, sie sind eine sehr kleine Minderheit.

Man kann ganz allgemein feststellen, daß wer Erfahrung im Fliegen von Flächenmodellen hat, das Hubschrauberfliegen schwieriger findet, als echte Anfänger. Das ist ganz natürlich, weil die beiden Typen sehr verschieden sind und man erst einmal viel umlernen muß, bevor man Fortschritte machen kann.

Nehmen wir einmal an, daß Sie ganz allein auf sich gestellt sind. In diesem Fall ist es höchst empfehlenswert, das Modell mit Schwimmern auszurüsten oder einer Art Trainingsfahrwerk. Sie werden am Anfang feststellen, daß es einfacher ist das Heck zu steuern, wenn sich das Modell stetig in einer langsamen Vorwärtsbewegung befindet. Bei der Landung auf Kufen und sich vorwärts bewegendem Modell besteht die Gefahr, sie in den Boden zu rammen, wobei sich das Modell dann überschlägt. Beginnen Sie mit immer mehr Gas, bis kaum noch Gewicht auf den Schwimmern liegt, das Modell aber den Boden noch nicht verläßt. Sie werden bemerken, daß man in diesem Zustand das Modell auf dem Boden bewegen kann und daß alle Ruder wirksam sind. Vorsicht: Nicht zu viel Blattverstellung, sonst geht das Modell trotzdem auf den Kopf! Besteht diese Gefahr, Drossel sofort, aber zügig, schließen. Beim Schließen der Drossel auf die Blattverstellung achten, damit die Rotorblätter nicht gegen den Leitwerksträger schlagen.

Das ist ein zweischneidiges Schwert, weil ein Anfänger den Überschlag des Modells nur verhindern kann, wenn er die Drossel schließt. Er muß aber unbedingt aus den angegebenen Gründen das plötzliche Schließen der Drossel vermeiden.

Wir wollen uns einmal die Faktoren näher ansehen, die zum Anschlagen der Rotorblätter an den Leitwerksträger führen. Wir haben bereits gesehen, daß negative Einstellwinkel der Blätter in dieser Phase vermieden werden müssen. Allerdings können auch positive Einstellung und plötzliches Schließen der Drossel mit nachfolgender Bodenberührung des Modells, die Rotorblätter so weit nach unten wippen lassen, daß sie gegen den Leitwerksträger schlagen.

Oft wird das Modell vorwärts geflogen und der Knüppel gezogen, um die Fahrt wegzunehmen.

Das Modell schlägt dann, mit dem Heck nach unten geneigt, auf dem Boden auf. Dabei sind die rotorblätter am hinteren Ende der Rotorkreisfläche bereits geneigt (Abb. 4.5) und der Leitwerksträger wird durch Aufschlag auf den Boden plötzlich nach oben gedrückt. Dabei kann es zum Anschlagen der Rotorblätter an den Leitwerksträger kommen, wenn die Drossel in Schwebeflugstellung ist und die Rotorblätter mit starkem Anstellwinkel für großen Auftrieb sorgen.

Man muß stets daran denken, die Drossel niemals plötzlich zu schließen. Auch bei einem Notfall muß sie gefühlvoll geschlossen werden. Immer wenn das Modell den Boden berührt ist darauf zu achten, daß es sich dabei in waagerechter Fluglage befindet oder die Rumpfspitze leicht nach unten geneigt ist.

Wenn man fliegt

Bei allen anfänglichen Versuchen des Schwebeflugs befindet sich das Modell vor Ihnen und sein Heck zeigt zu Ihnen (Abb. 4.6). Beherrscht man erst einmal den Schwebeflug, dann kann man immer dann zu ihm zurückkehren, wenn man in Schwierig-

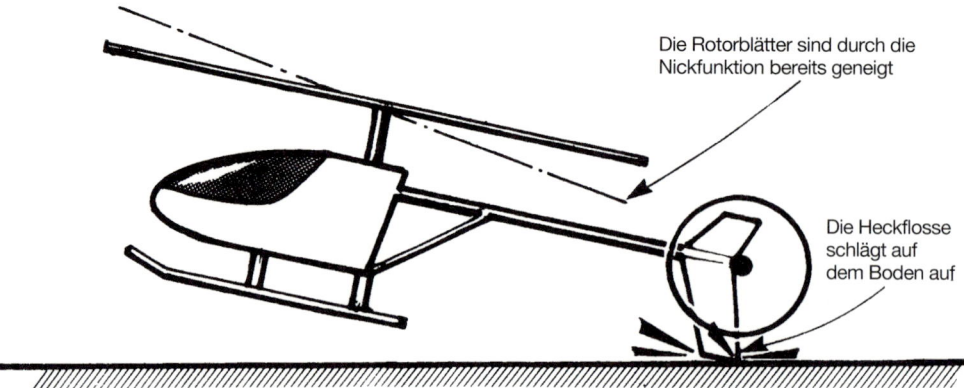

Die Rotorblätter sind durch die Nickfunktion bereits geneigt

Die Heckflosse schlägt auf dem Boden auf

Abb. 4.5   Aufschlagen des Leitwerksträgers

keiten gerät. Dabei besteht allerdings die Gefahr das Modell nur so fliegen zu können und alles andere immer schwieriger beherrschbar wird.

Wenn man erst einmal so weit ist, das Modell auf dem Boden rutschen zu können, wobei es gelegentlich auch einmal zu einem Hüpfer kommt, dann ist es ratsam zu versuchen, das Modell im Kreis linksherum und rechtsherum zu bewegen und es auch zu drehen, so daß die Rumpfspitze zu Ihnen zeigt. Das wird sich später auszahlen.

Nach einiger Zeit des Steuerns Ihres Modells am Boden in »Schwebeflughöhe Null«, wird man das Gas in kurzen Stößen erhöhen können, damit das Modell kurz vom Boden freikommt. Ein Vorteil dieses Vorgehens ist, daß man mit der Drosseleinstellung vertraut wird, die einem gestattet, das Modell weich auf dem Boden aufzusetzen, statt es hart aufschlagen zu lassen.

Mit steigendem Selbstvertrauen sollte man dann das Modell auch für eine längere Zeit in der Luft halten können. Dabei fliegt man es langsam vorwärts und läuft ihm nach. Dabei sollte man aber nicht versuchen, das Modell zu drehen. Man käme unausweichlich in eine unbeherrschbare Situation.

Die nächste Hürde ist das Beenden des Vorwärtsfluges und das Verharren des Modells über einem Punkt. Hat man sich an den Vorwärtsflug gewöhnt, kann es Schwierigkeiten geben festzustellen, ob sich das Modell bewegt der nicht. Eine Markierung am Boden ist hier hilfreich. Das kann ein Grasbüschel, ein Flecken nackten Bodens, ein Stein, die Fußmatte eines Autos o. ä. sein. Beachten Sie aber, daß sie nicht zu groß ist, damit es keine

Schwierigkeiten gibt, wenn das Modell sie berührt.

Auch das Anhalten des Modells aus der Vorwärtsbewegung kann schwierig sein. Natürlich nimmt man den Knüppel für die zyklische Verstellung zurück, um das Heck zu senken. Eine nach hinten wirkende Kraft beendet die Vorwärtsbewegung. Unglücklicherweise führen am Anfang solche Bemühungen wahrscheinlich dazu, daß sich das Modell rückwärts auf den Piloten zu bewegt. Es erfolgt dann ein heftiges Gegensteuern nach vorne und die Vorwärtsfahrt baut sich unkontrollierbar auf.

Stellen Sie sich ein Pendel vor

Möglicherweise hilft dabei die Vorstellung, der Hubschrauber wäre das untere Ende eines Pendels. Dabei bewegen die Steuersignale des Senders das obere Ende des Pendels. Nehmen wir an, das obere Ende des Pendels wird nach rechts bewegt. Das Modell folgt mit geringer Verzögerung ebenfalls nach rechts.

Um diese Bewegung zu beenden, muß das obere Ende des Pendels nun hart nach links bewegt werden, um entgegenzuwirken, und dann gleich auf einen Punkt genau über den Hubschrauber gebracht werden, und zwar genau zu dem Zeitpunkt, an dem die Bewegung zu Ende ist.

Genau so verhält sich ein Hubschraubermodell. Bewegt sich ein Hubschrauber, dann muß man gegensteuern und damit genau dann aufhören, wenn

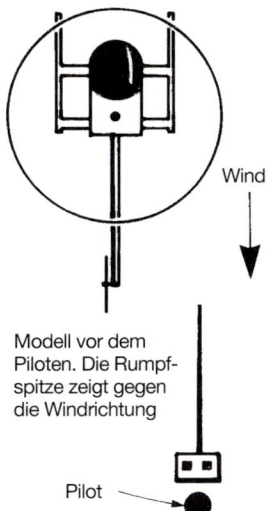

Wind

Modell vor dem
Piloten. Die Rumpf-
spitze zeigt gegen
die Windrichtung

Pilot

Abb. 4.6   Sicherer Standort

der Hubschrauber den Ruhepunkt erreicht hat. Mir hat dieser Vergleich mit einem Pendel sehr geholfen als ich gerade kurz vor der Beherrschung des Schwebeflugs stand.

Einstellen der Trimmung

Bisher haben wir die Trimmung des Modells überhaupt noch nicht erwähnt. Auch dabei ist erfahrene Hilfe unschätzbar. Ein gut getrimmtes Modell ist viel einfacher zu fliegen und es fällt einem Anfänger schwer, ein Modell ohne Hilfe zu trimmen.

Beim Steuern des Modells auf dem Boden in Schwebeflughöhe Null zeigt es sich bald, ob das Modell eine deutliche Tendenz hat den Kurs in einer Richtung beizubehalten, oder ob es wegdrehen will. Durch diese Trimmung am Sender kann man hier recht einfach abhelfen. Unglücklicherweise kann aber diese Korrektur durch Trimmung falsch sein, wenn das Modell den Boden verläßt. Man muß also

sehr kurze Hüpfer machen und dabei das Verhalten des Modells genau beobachten. Bewegt sich das Modell ständig nach rechts, dann ist zyklische Trimmung nach links erforderlich und umgekehrt. Will sich das Modell ständig nach vorn bewegen, dann ist zyklische Trimmung nach hinten erforderlich, usw.

Die Trimmung des Heckrotors ist variabel und von vielen Faktoren abhängig, die an anderer Stelle besprochen werden. Es wird aber bestenfalls ein Kompromiß bleiben, was erklärt, warum dies eine der größten Schwierigkeiten beim Fliegenlernen ist.

Pack es an!

Ich habe mein Bestes versucht, auf die Schwierigkeiten und Fallstricke einzugehen, die es beim Schwebeflug gibt, aber von jetzt an sind Sie wahrhaftig auf sich allein gestellt. Nur größte Beharrlichkeit wird Sie zum Ziel bringen. Wenn man es aber einmal beherrscht, macht es süchtig. Dies zur Warnung.

Kapitel 5
Erste Flüge

Aus dem Schwebeflug heraus

Wenn man sein Modell, die Rumpfspitze ständig gegen den Wind zeigend, im Schwebeflug halten kann und dabei hinter dem Modell steht, dann hat man sich eine sichere Ausgangsposition geschaffen. Ist man damit erst einmal völlig vertraut, kann man mehr wagen. Hüten Sie sich aber davor, sich nun so sehr auf diese eine Position festzulegen, daß Sie sich einen menta-

len Block gegen das Weiterkommen zulegen. Dies ist eine echte Gefahr. Man kommt nur schwer davon los.

Auch während man sich noch damit vertraut macht, sollte man nicht an einem Fleck wie angefroren stehenbleiben. Man muß versuchen auf dem Flugfeld umherzugehen (wenn es der Flugbetrieb gestattet) und dabei das Modell mitführen. Bei

Abb. 5.1   Ein erheblich umgebauter Graupner »Helimax« in einem »Jetranger«-Rumpf aus glasfaserverstärktem Kunststoff. Gesamtgewicht 4,5 kg. Ein sehr gutes Kunstflugmodell.

Windstille gibt es keinen Grund, sich nicht langsam umzudrehen und wieder zurückzugehen. Weht der Wind etwas, gehen Sie ganz langsam rückwärts und nehmen Sie das Modell mit. Irgendwann kann man dann überall hinlaufen und dabei das Modell stets vor sich herführen.

Nun ist es recht einfach, sich langsam zu drehen und dabei das Modell vor sich herfliegen zu lassen. Die Bezeichnung »Vollkreis, Heck zeigt zum Piloten« klingt für den Anfänger furchterregend, aber Sie haben doch gerade eben einen geflogen! Es war doch ganz einfach, nicht wahr? Sie werden immer wieder über das Wort »langsam« gestolpert sein. Es ist aber das ganze Geheimnis, um am Anfang aus dem stationären Schwebeflug herauszufliegen. Läßt man die Fluggeschwindigkeit sich immer mehr erhöhen, dann gerät man schnell in eine unbeherrschbare Situation. Lassen Sie es deshalb langsam angehen, bis Sie mehr Erfahrung und Selbstvertrauen haben. Werden Sie aber nicht überheblich. Selbstvertrauen ist für das Weiterkommen notwendig, aber zu viel davon und zu früh kann sich verheerend auswirken. Der Grundsatz sollte zu diesem Zeitpunkt lauten: »Mach voran – aber langsam«.

Der »Vollkreis, Heck zeigt zum Piloten« ist bei ruhigem Wetter sehr einfach. Er wird aber bei zunehmender Windgeschwindigkeit immer schwieriger. Auch für sehr erfahrene Piloten ist er bei Wind eine hervorragende Übung für das Steuern eines Hubschraubers. Da das Modell seine verschiedenen Seiten dem Wind aussetzt, werden verschiedene

Trimmungen notwendig, um in der gleichen Fluglage (Abb. 5.2), vom Piloten aus gesehen, zu bleiben. Die ersten Versuche bei schwachem Wind enden wahrscheinlich, sobald der Seitenwind auf das Modell trifft. Wenn die Lage nicht mehr kontrollierbar wird, drehen Sie Ihr Modell wieder in den Wind und fliegen es vorwärts, um es zu stabilisieren.

Beim nächsten Schritt läßt man das Modell langsam rückwärts driften bis es neben dem Piloten im Schwebeflug ist oder, man kurvt es bei Windstille zur Seite. Ist man ein erfahrener Flächenmodell-Pilot, dann ist eine Warnung angebracht, weil dieser Kurs gefährlich werden kann. Bewegt sich das Modell seitlich in den Wind, so wird man am Knüppel ziehen, um es zu stoppen. Der Hubschrauber wird dann heftig rückwärts auf dem Boden aufschlagen!

Es gibt zwei Möglichkeiten der Abhilfe:
a. mit der Rollfunktion gegensteuern oder vielleicht noch besser
b. das Modell mit dem Heckrotor in den vertrauten Schwebeflug zurückbringen.

Mit großer Wahrscheinlichkeit, wird man feststellen, daß man eine Seite des Modells lieber sieht als die andere. Auch hier darf man der Entwicklung nicht freien Lauf lassen, bis man das Modell nur noch an einer Seite neben sich fliegen kann. Man fliegt deshalb das Modell auf der »schlechten« Seite, bis kein Unterschied mehr feststellbar ist.

Hat man sich an die Seitenansicht gewöhnt, folgt der nächste Schritt. Lassen Sie das Modell langsam quer zum Wind vor sich hin- und herdriften (Abb. 5.3). Zuerst langsam, werden dann die Fahrt erhöht und die Kurven immer enger geflogen in dem Maß, wie das Selbstvertrauen wächst, bis man eine Acht fliegt, immer noch ohne daß die Rumpfspitze auf den Piloten zeigt (Abb. 5.4).

Wer Erfahrung mit Flächenmodellen besitzt, hat jetzt einen wichtigen Unterschied zwischen Hubschraubern und Flugzeugen erkannt.

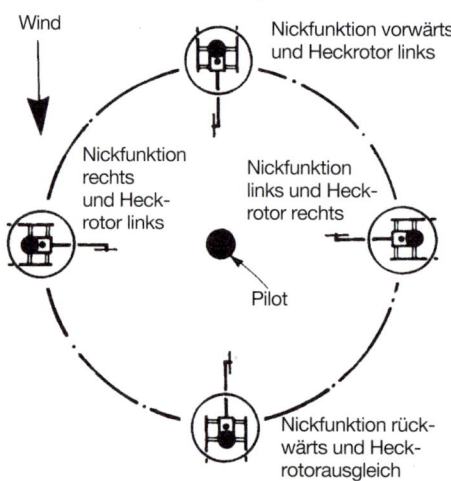

Abb. 5.2   Ausgleichtrimmung während eines Vollkreises bei dem das Heck zum Piloten zeigt.

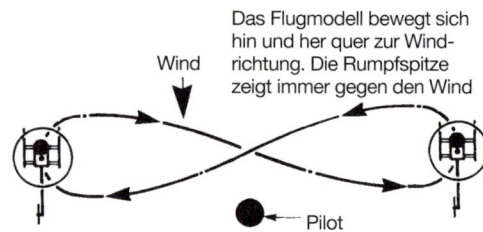

Abb. 5.3   Vor dem Piloten hin und her

24

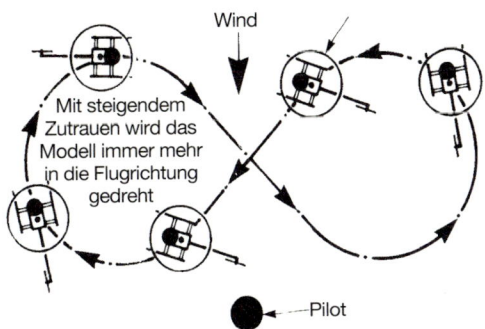

Abb. 5.4   Liegende Acht

Mit steigendem Zutrauen wird das Modell immer mehr in die Flugrichtung gedreht

Wind

Pilot

Hände weg vom Höhenruder

Zum Kurven eines manntragenden Flugzeugs werden normalerweise Seitenruder und Querruder eingesetzt und das Höhenruder zur Einhaltung der Flughöhe. Dies ergibt eine saubere Kurve ohne seitliches Slippen oder Schieben. Das ist natürlich schön und gut, wenn das Flugzeug von einem Piloten gesteuert wird, der sich an Bord befindet, der fühlen kann, was geschieht. Beim Flugmodell ist es üblich, eine Kurve mit Querruder oder Quer- und Seitenruder einzuleiten und das Modell mit dem Höhenruder herumzuziehen. Das Ergebnis ist ein »Herumrutschen in starker Schräglage«, was aber nur ein aufmerksamer Beobachter bemerkt.

Beim Hubschrauber jedoch ist das etwas anders. Zunächst einmal muß man sich vergegenwärtigen, daß es beim Hubschrauber zwei Arten von Auftrieb gibt. Neben dem durch den Rotor, bei ihm handelt es sich um sich drehende Tragflügel, erzeugten Auftrieb gibt es noch eine weitere Komponente, nämlich den Auftrieb, der durch die sich nach vorn durch die Luft bewegende Rotorscheibe entsteht (ähnlich einem flachen, kreisrunden Flügel). Dies wird als »translatorischer Auftrieb« bezeichnet und erklärt die Tatsache, daß ein Hubschrauber zur Beibehaltung der Flughöhe im Vorwärtsflug weniger Kraft benötigt als im Schwebeflug (Abb. 5.5).

Erinnern Sie sich nun daran, daß ein Hubschrauber, anders als ein konventionelles Flugzeug, nicht unbedingt mit seiner Rumpfspitze in die Flugrichtung zeigen muß und daß der Pilot dem Heck ständig sagen muß, was es zu tun hat. Stellen Sie sich einmal einen Hubschrauber vor, der vorwärts fliegt und nun eine Kurve fliegen möchte. Zunächst findet die Rollfunktion (Querruder) Anwendung, damit das Modell sich schräg legt. Dadurch entsteht eine seitliche Auftriebskomponente, die das Modell kur-

ven läßt und man muß sofort den Heckrotor (Seitenruder) einsetzen, damit der Rumpf mitdreht. Das führt dazu, daß die Rotorscheibe, im Verhältnis zum ursprünglichen Kurs des Modells, einen größeren Anstellwinkel hat und deshalb einen größeren Auftrieb erfährt (Abb. 5.6). Das bedeutet, daß die Nickfunktion, weder nach vorn noch nach hinten, (Höhenruder) benötigt wird, und eine Kurve durch die Koordination von Rollfunktion und Heckrotor geflogen wird (Querruder/Seitenruder). Fliegt das Modell mit größerer Geschwindigkeit und/oder wird eine scharfe Kurve geflogen, dann wird es tatsächlich an Höhe gewinnen, obwohl die Nickfunktion nach hinten nicht gegeben wurde.

Ich möchte Sie aber vorwarnen! Die Geschichte ist damit noch nicht zu Ende. Hubschrauber zeigen nämlich deutlich unterschiedliches Verhalten bei Links- oder Rechtskurven! Üben Sie und machen Sie sich mit der für Kurven in jede Richtung erforderlichen Koordination vertraut, bevor Sie versuchen ein sauberes Programm zu fliegen. Sie werden so die Wahrscheinlichkeit unangenehmer Überraschungen verringern.

Schwebeflug dicht über dem Boden

Kommen wir zurück zu unserem Modell, das sich in ruhiger Luft im Schwebeflug befindet. Un-

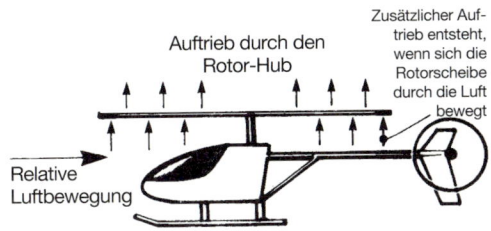

Auftrieb durch den Rotor-Hub

Zusätzlicher Auftrieb entsteht, wenn sich die Rotorscheibe durch die Luft bewegt

Relative Luftbewegung

Abb. 5.5   Translatorischer Auftrieb

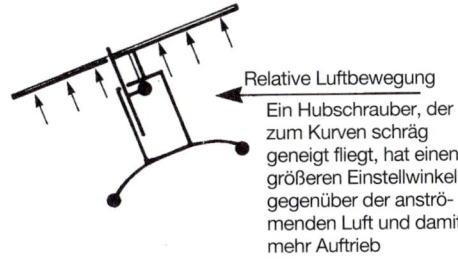

Relative Luftbewegung

Ein Hubschrauber, der zum Kurven schräg geneigt fliegt, hat einen größeren Einstellwinkel gegenüber der anströmenden Luft und damit mehr Auftrieb

Abb. 5.6   Auftrieb durch Kurven

terhalb einer Flughöhe, die ungefähr dem Durchmesser des Rotors entspricht, wird das Modell sehr lebendig und ist nur schwer im stationären Flug zu halten. Grund ist die gegenseitige Einwirkung von Rotorstrahl und Boden. Das Modell balanciert im wesentlichen auf einer Luftblase und versucht von ihr herunterzurutschen. Steigen Sie etwas höher und es wird viel ruhiger, weil Sie aus dem sogenannten »Bodeneffekt« heraus sind. Bei ruhigem, windstillem Wetter ist dieser Effekt deutlich sichtbar. Der Abgasrauch wird durch den Rotor vom Modell weggeblasen, wenn es sich außerhalb des Bodeneffekts befindet (Abb. 5.7). Im Bodeneffekt bildet dieser Qualm eine Wolke unter dem Hubschrauber oder versucht sogar durch die Rotormitte aufzusteigen (Abb. 5.8).

Wenn nun ein leichter Wind hinzukommt, dann wird diese Blase unter dem Modell weggeweht und der Effekt findet in geringerer Höhe statt (Abb. 5.9). Ist der Wind ausreichend stark, dann kommt es nicht zu diesem Effekt.

Ein weiterer Punkt beim Schwebeflug in Windstille ist, daß das Heck ständig »geflogen«, also gesteuert, werden muß. Wind hingegen bringt den »Wetterfahnen-Effekt« mit sich, der alles viel leichter macht. Dieser Wetterfahnen-Effekt hat allerdings auch Einfluß auf den Drehmomentausgleich des Heckrotors und bedingt eine Änderung der Heckrotortrimmung.

Denken Sie daran, der Hauptzweck des Heckrotors ist, dem Drehmoment des Hauptrotors entgegenzuwirken und den Rumpf in gleichbleibender Flugrichtung zu halten. Kommt nun unser Wetterfahnen-Effekt hinzu, dann ist der Heckrotor zu wirksam und ein Umtrimmen wird erforderlich (Abb. 5.10).

Dieses Umtrimmen hängt von der Windstärke ab. Bei einem Modell mit Rotoren, die sich im Uhrzeigersinn drehen (von oben gesehen), bedeutet dies mehr Trimmung nach links bei zunehmender Windstärke, bei entgegen dem Uhrzeigersinn drehenden Rotoren folglich mehr Trimmung nach rechts.

Zusammengefaßt bedeutet dies, daß der Schwebeflug bei Wind eher einfacher ist, weil der Bodeneffekt weniger deutlich und das Heck leichter zu steuern ist, wenn auch geringes Nachtrimmen erforderlich ist. Genau das Gleiche gilt, wenn das Modell bei Windstille oder bei Wind vorwärts fliegt.

Eine weitere Besonderheit des Schwebeflugs bei Wind ist, daß dabei leicht irgendwelche Abweichungen in der Trimmung des Heckrotors nicht

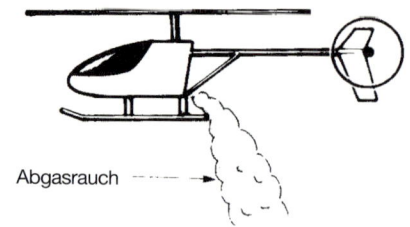

Abb. 5.7 Außerhalb des Bodeneffekts

Abgasrauch entweicht
durch die Rotorblätter
nach oben

Abb. 5.8 Bei Bodenefekt

Der Abgasrauch wird
weggeweht. Dies zeigt eine
Verringerung
des
Bodeneffekts
an

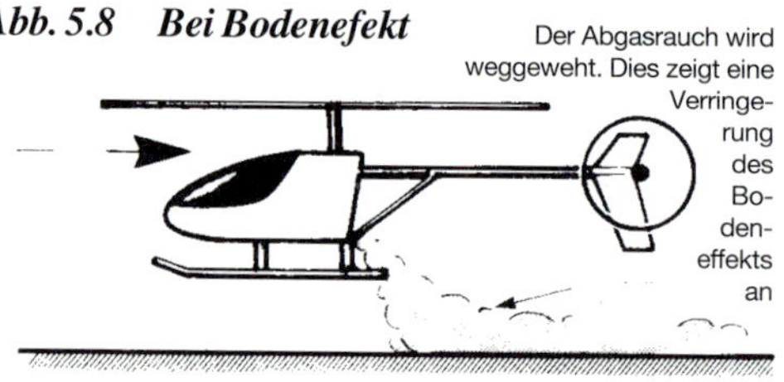

Abb. 5.9 Einwirkung des Windes auf den Bodeneffekt

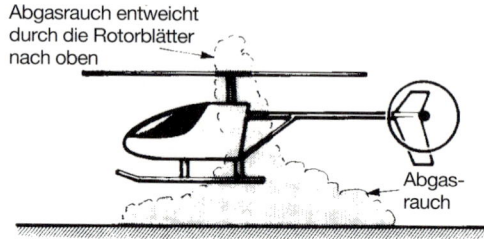

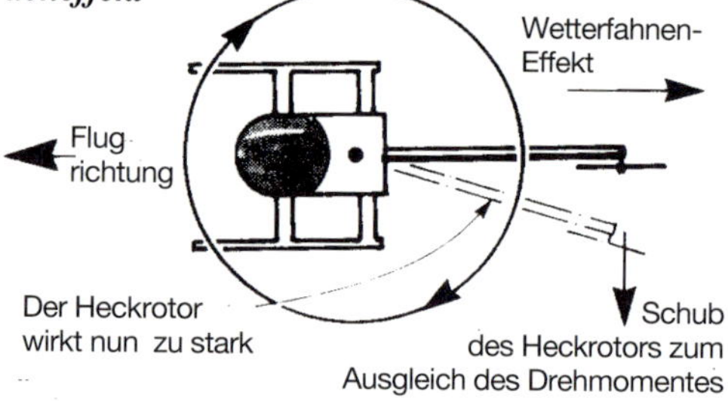

Wetterfahnen-Effekt

Flug
richtung

Der Heckrotor
wirkt nun zu stark

Schub
des Heckrotors zum
Ausgleich des Drehmomentes

Abb. 5.10 Änderung der Heckrotortrimmung bei Wind

erkennbar sind. Diese Abweichungen sind in ruhiger Luft deutlich, weil der Hubschrauber sich langsam dreht. Bei Wind aber dreht das Modell nur, bis die Trimmung durch den Wetterfahnen-Effekt ausgeglichen wird. Dann hält es einen gleichbleibenden Kurs ein, in einem Winkel zum Wind. Man korrigiert diesen Effekt am besten durch Beobachtung des Abgasrauchs und durch Trimmung des Modells so, daß der Leitwerksträger in die gleiche Richtung zeigt, in die der Rauch geweht wird. Ist ein

Kreisel eingebaut, dann kann dieser möglicherweise den Effekt der Trimmung verbergen und bei böigem Wind das Rumpfende hin- und herschwingen lassen. Das mag zu der irrigen Annahme führen, der Kreisel sei zu empfindlich.

Weitere Änderungen der Trimmung

Ein anderer, weniger bekannter, Effekt des Heckrotors ist, daß er eine Trimmung der Rollfunktion erforderlich macht, um seine seitliche Wirkung auszugleichen (Abb. 5.11). Sehen wir uns ein Modell an, bei dem sich der Rotor im Uhrzeigersinn dreht. Der Heckrotor muß hier zum Ausgleich des Drehmomentes nach rechts wirken. Der Hubschrauber wird nicht nur daran gehindert, sich um seine Hochachse zu drehen, sondern er wird auch nach links driften, wodurch zum Ausgleich etwas zyklische Trimmung nach rechts erforderlich wird. Dieser Trimmausschlag bleibt im wesentlichen gleich und ist von der Fluggeschwindigkeit nach vorne kaum abhängig.

Fliegt man den zuvor beschriebenen Vollkreis bei dem das Heck nach innen zeigt, kann dieser Effekt sehr deutlich in Erscheinung treten und im Wettbewerb kurvt man gewöhnlich in die andere Richtung, um es zu verbergen. Mit einem im Uhrzeigersinn drehenden Rotor hat ein Modell von Hause aus eine Neigung nach rechts und das Kurven in diese Richtung wird eine stärkere – und sichtbarere – Schräglage erfordern, als eine Kurve nach links.

In der Theorie sollte etwas Trimmung der Querlage auch notwendig werden wenn man bei Wind im Schwebeflug ist oder vorwärts fliegt, um den zusätzlichen Auftrieb auszugleichen, den das sich nach vorn bewegende Rotorblatt erzeugt. Nach meiner Erfahrung kann man das jedoch unbeachtet lassen. Möglicherweise wäre es bei Modellen mit geringen Rotordrehzahlen von Bedeutung und zu bemerken, wenn man im Schwebeflug das Heck in den Wind stellt. Dann ist ein Trimmausschlag in die entgegengesetzte Richtung erforderlich.

Fahrt steigern

Vorwärtsfliegen ist genau wie ein Schwebeflug bei Wind, außer daß man nun bewußt Dinge tun muß, die man beim Schwebeflug vielleicht automa-

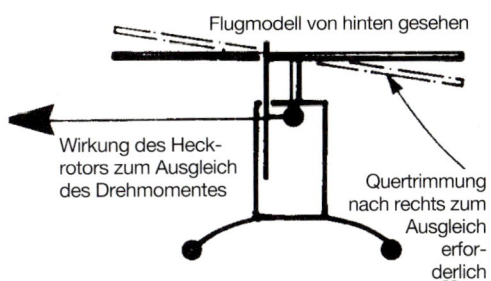

Flugmodell von hinten gesehen

Wirkung des Heckrotors zum Ausgleich des Drehmomentes

Quertrimmung nach rechts zum Ausgleich erforderlich

Abb. 5.11   Quertrimmung wegen der Heckrotorwirkung

tisch getan hat. Zuallererst ist die Nickfunktion vorwärts erforderlich, damit Fahrt nach vorn eingeleitet wird. Ich habe gesagt Fahrt einleiten, nicht beibehalten. Hält man den Knüppel vorn, so würde sich die Rumpfspitze immer mehr nach unten neigen, das Modell würde mit immer höherer Geschwindigkeit davonfliegen und man geriete rasch in eine vom Anfänger nicht mehr beherrschbare Situation. Die Nickfunktion vorwärts soll nur solange wirken, bis das Modell eben seine Rumpfspitze leicht nach unten neigt. Dann wird die Nickfunktion auf neutral zurückgenommen und das Modell wird bis zu einer Geschwindigkeit beschleunigen, die dieser Fluglage entspricht und diese Fahrt beibehalten. Bei den anfänglichen Versuchen ist es am besten, die Nickfunktion nur sehr kurz anzutippen. Wenn man das Herumlaufen mit dem Modell im Schwebeflug geübt hat, wird man schon dahinter gekommen sein, wie das geht.

Man sollte versuchen daran zu denken, daß der Hubschrauber im wesentlichen ein Gerät ohne Reibungsverlust ist. Einmal in Bewegung, bewegt er sich immer weiter, bis ein Befehl zum Anhalten kommt. Daraus folgt, daß ein Steuerbefehl über eine gewisse Zeit gegeben, zu einer ständig steigenden Geschwindigkeit führt.

Hat das Modell erst einmal begonnen sich zu bewegen, dann entsteht ein Auftriebsverlust, weil die Seitenkomponente für die Bewegung genutzt wird und mehr Kraft erforderlich ist. Dieser Effekt wirkt aber nur kurzzeitig; da, wenn sich das Modell erst einmal bewegt, der bereits beschriebene translationale Auftrieb zu Höhengewinn führt, wenn man die Leistung nicht zurücknimmt.

Nun, da sich das Modell bewegt (daran denken – zu Beginn nicht zu schnell), sollte man die Änderung der Heckrotortrimmung beachten. Jetzt muß man damit fertigwerden, daß man die Trimmung

27

nicht laufend an jede Geschwindigkeit anpassen kann oder an jede besondere Situation, in die man gerät. Man muß lernen das Heck ständig zu »fliegen«. Dazu dient der Knüppel für die Seitensteuerung. Schließlich haben Sie ja eine Proportional-Fernsteueranlage, nicht wahr? Lassen Sie den Hund mit seinem Schwanz wedeln und nicht umgekehrt. Irgendwann erreicht man den Punkt, an dem man sich wundert, warum ein Daumen anscheinend müde wird. Man schaut nach und stellt fest, daß man, ohne es zu bemerken, mit dem Steuerknüppel ständig eine ganze Menge Trimmung gegeben hat.

Das Nachtrimmen fällt bei den früheren Modellen mit Permanentpitch sehr stark auf. Bei Modellen mit kollektiver Blattverstellung ist es weniger auffallend und bei den neuesten Mustern mit kollektiver Blattverstellung ganz verschwunden. Moderne Modelle mit Permanentpitch nehmen das Umtrimmen auch weniger übel. Bei manchen früheren Modellen versuchte man mit unterschiedlichem Erfolg, dem mit einem Ausschlag der Seitenflosse zu begegnen.

Es ist nun Zeit darüber nachzudenken, wie man das wildgewordene Biest anhalten kann!

Seitwärts wird er langsamer. Nein, ich bin nicht auf das Thema Rallyefahren gekommen. Ihr Hubschrauber bewegt sich vorwärts und Sie möchten ihn anhalten. Ganz einfach, werden Sie sagen, Nickfunktion rückwärts. Nun ja, so einfach kann es sein, wenn er sich nur recht langsam bewegt. Denken Sie aber daran, daß man das Signal lang genug geben muß, damit er die Rumpfspitze anhebt, abbremst und in einer vernünftigen Entfernung die Vorwärtsbewegung beendet. Sobald das Modell keine Fahrt mehr hat, muß man sofort die Rumpfspitze senken und so viel Gas geben, wie für den Schwebeflug erforderlich ist. Fliegt das Modell aber mit einer gewissen Geschwindigkeit, dann wird es viel schwieriger. Das Anheben der Rumpfspitze führt zu mehr translationalem Auftrieb und zum Steigen des Hubschraubers – möglicherweise sehr steil. Um dies zu

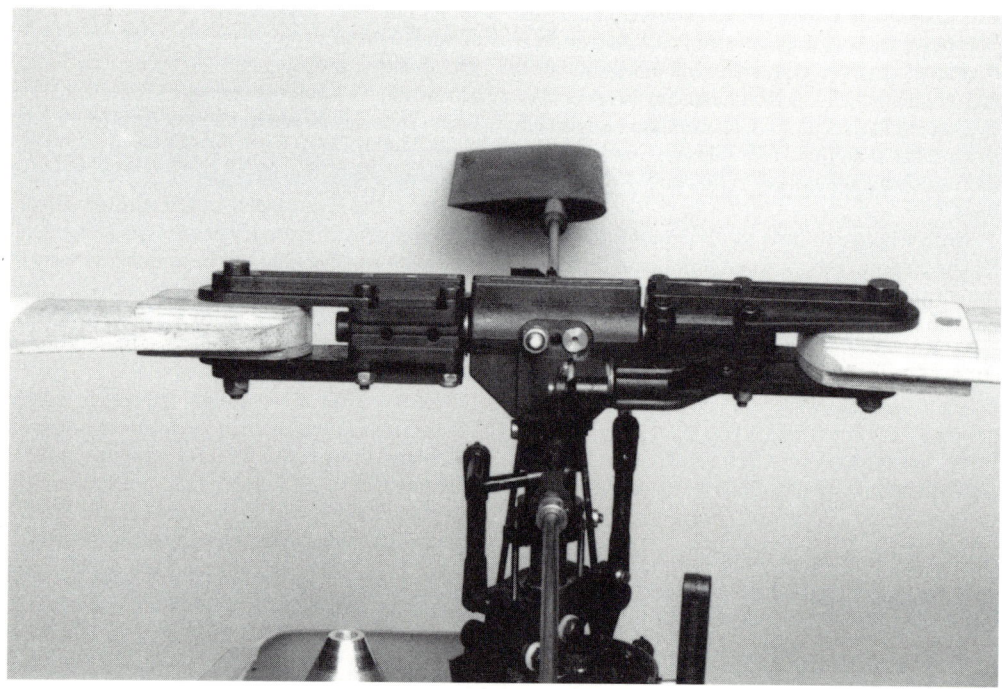

Abb. 5.12   Hauptrotorkopf des Scout 60 von robbe

verhindern muß man das Gas verringern und bereit sein, das Modell waagerecht zu legen und gasgeben, sobald die Fahrt gestoppt ist. Für einen Anfänger ist das nicht ganz einfach. Zum Glück gibt es einen einfacheren, wenn auch nicht so glatten Weg, den Sie bereits kennen, wenn Sie die Figuren Acht wie vorgeschlagen quer zum Wind geflogen haben. Nutzen Sie einfach die Rollfunktion und den Heckrotor, um das Modell in die Schräglage zu bringen und zu drehen, so daß seine Seite in Flugrichtung zeigt. Die plötzliche Vergrößerung des Widerstandes führt zu einem raschen Abbau der Fahrt und es wird viel weniger Rollfunktion benötigt, um die Fahrt zu bremsen. Wenn man es übertreibt, wird das Modell lediglich zur Seite slippen, was aber viel leichter in den Griff zu bekommen ist, als ein Abrutschen über das Heck bis auf den Boden. Vielleicht haben Sie ja schon mitbekommen, daß dies wahrscheinlich die kostspieligste Art eines Absturzes ist!

Zusammengefaßt gilt also: Die Roll-Nickfunktion steuert die Fahrt – die Drossel steuert die Flughöhe.

Zum ersten Mal umherfliegen

Nun endlich kommen wir zu unserem ersten wirklichen Flug im Kreis. Es gibt zwei Arten (wenigstens!), dies zu tun. Die erste kann man als Starrflügler-Landeanflug bezeichnen. Ich meine damit einen großen schnell geflogenen Vollkreis, wie er von einem herkömmlichen Flugzeug geflogen wird. Der zweite ist ein langsamer, nicht sehr weit draußen geflogener Kreis, der viel typischer für einen Hubschrauber ist und genauer als eine »Schwebeflug-Figur« beschrieben werden kann.

Wer vom Flächenmodell kommt, wird die erste Art als die natürlichste ansehen, was aber gefährlich werden kann, wenn Schwierigkeiten auftreten oder man die Orientierung verliert. In dieser Situation wird man automatisch auf die Flächenmodell-Reflexe zurückgreifen, die man sich in vielen Stunden angeeignet hat und diese können einen dann in die Irre führen! Trotzdem ist es wahrscheinlich der beste Weg an diesen ersten Flug im Kreis herum heranzugehen, ob man nun Erfahrung im Modellfliegen hat oder nicht.

Wenn man zu Beginn des Fliegenlernens Schwimmer benutzt und diese zwischenzeitlich wieder abgenommen hat, dann ist es sinnvoll sie für die ersten Flüge wieder anzubringen. Sie begrenzen

einmal die erreichbare Geschwindigkeit im Vorwärtsflug. Andererseits helfen sie Ihnen sich zu orientieren und gestatten eine sichere Landung, auch wenn sich das Modell noch horizontal bewegt (gleich in welche Richtung!). Bei Modellen mit Kufen ist dies nicht der Fall. Wenn man das Modell einmal in größerer Entfernung landen muß (wozu es ganz bestimmt kommt), sind sie ebenfalls eine große Hilfe.

So, und nun können wir es nicht länger aufschieben. Aus einem stabilen Schwebeflug heraus betätigt man ein wenig die Nickfunktion nach vorne und gibt etwas Gas. Lassen Sie das Modell ruhig Fahrt aufnehmen und steigen. Nehmen Sie das Gas nicht zurück. Sie werden bemerken, daß Ihr Modell nach rechts giert (bei Rotoren mit Drehung im Uhrzeigersinn) und schiebt. Mit mehr Erfahrung wird der Wunsch wach werden, nachzutrimmen. Jetzt aber korrigieren Sie noch mit dem Steuerknüppel, oder lassen das Modell schieben, denn dadurch werden die Probleme bei der schwierigeren Phase der Fahrtverringerung gemildert.

Nachdem man eine gewisse Strecke gegen den Wind zurückgelegt hat (Sie haben doch drei Jahre auf einen Tag mit leichter Brise gewartet, nicht wahr?) legt man mit etwas Rollfunktion das Modell schräg und beginnt zu kurven. Vermeiden Sie das Modell mit nach hinten wirkender Nickfunktion herumzuziehen. Dies sollte nicht erforderlich sein und führt zu Fahrtverlust, was in diesem Augenblick nicht ratsam ist. Was aber erforderlich ist, ist der Einsatz des Heckrotors in Richtung des Kurvens, damit der Rumpf immer in Flugrichtung zeigt.

Es ist ein weitverbreiteter Fehler anzunehmen, die Rotorscheibe sei das Modell. Man sieht wie sie eine saubere Kurve beschreibt um dann festzustellen, daß der Rumpf dabei mit seinem Ende in Richtung Boden zeigt. Jetzt rutscht man entweder rückwärts auf den Boden (das Modell natürlich) oder fliegt eine hochgezogene Kehrtkurve und schlägt mit der Rumpfspitze ein Loch in den Boden. So, und nun wissen Sie auch warum ich geraten habe, das Modell steigen zu lassen.

Das ist deshalb so kompliziert, weil die Mehrzahl der Hubschrauber Rotoren haben, die sich im Uhrzeigersinn drehen und die meisten Piloten Rechtshänder sind. Durch einen Einfall der Natur wollen die meisten rechtshändigen Piloten Linkskurven fliegen (das steckt einfach drin), während der im Uhrzeigersinn drehende, vorwärtsfliegende Hubschrauber stets dummerweise versucht, nach rechts zu gieren (Abb. 5.13). Was zu beweisen ist! Man

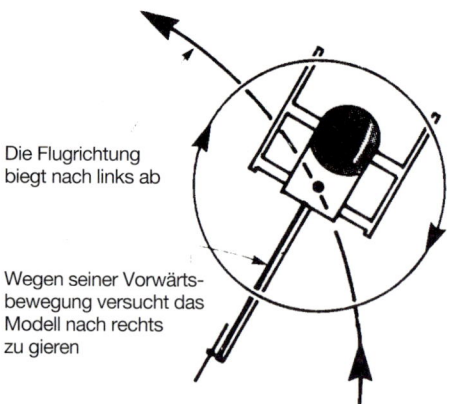

Die Flugrichtung
biegt nach links ab

Wegen seiner Vorwärts-
bewegung versucht das
Modell nach rechts
zu gieren

*Abb. 5.13   Der Rotor dreht im Uhrzeigersinn,
folglich giert das Modell nach rechts*

kann natürlich dem Herkömmlichen trotzen und zu Anfang alle Kurven rechtsherum fliegen. Worauf dies alles hinausläuft ist, daß man bei einer Linkskurve im Vorwärtsflug mit hoher Geschwindigkeit und Rotorblättern, die sich im Uhrzeigersinn drehen, wahrscheinlich die volle Wirkung des Heckrotors nach links benötigt.

Manche Modelle sind in dieser Beziehung schlechter als andere, weil es bei der Seitenflosse und der Rotorscheibenfläche Varianten gibt und dazu noch etwa 573 andere mehr.

Gehen wir davon aus, daß Sie Ihre erste 180°-Kurve schaffen und nun den Flug mit dem Wind beginnen. Sie setzen die Rollfunktion ein, um das Modell zurück in den waagerechten Flug zu bringen. Denken Sie dabei an den Heckrotor, um geradeaus zu fliegen. Vergessen Sie das, dann wird der Hubschrauber wieder schieben und Sie höflich daran erinnern.

Ich habe nicht die Absicht, weder jetzt noch überhaupt, mich in Diskussionen über Kurven mit dem Wind einzulassen. Wenn man aber mit dem Hubschrauber Kurven mit Rückenwind fliegt, dann ist sicherzustellen, daß die Geschwindigkeit über Grund höher ist als die Windgeschwindigkeit (Abb. 5.14).

Man kann leicht in eine Lage kommen, in der das Modell gegenüber dem Grund vorwärts fliegt, sich aber tatsächlich rückwärts durch die umgebende Luft bewegt. Dies ist ein instabiler Flugzustand und das Modell wird versuchen, sich durch eine 180°-Kurve mit der Rumpfspitze gegen den Wind zu stellen. Aus der Sicht des Piloten hat sich das Modell

halb herumgedreht und fliegt rückwärts weiter (Abb. 5.15). Wenn Sie das außer Fassung bringt, warum verabreden Sie nicht ein Gespräch mit dem Kreditberater Ihrer Bank?

Im Zweifelsfall

Es wird nun Zeit einmal zu überlegen, was man in einer solchen Notlage unternimmt. Wenn man irgendwelche Zweifel hat an dem was vorgeht, die Orientierung verloren hat oder verwirrt ist, dann ist die wichtigste Regel beim Hubschrauberfliegen: Gasgeben und Höhe gewinnen. Ob Sie es glauben oder nicht, Höhe ist für diese Art Flugmodell keine Gefahr. Ich habe Hubschrauber gesehen, die bei einem Absturz aus weniger als 10 Zentimetern völlig zerstört wurden und ich habe Abstürze aus 30 Metern und mehr gesehen, die nur minimalen Schaden verursachten. Haben Sie keine Angst vor Flughöhe oder Gasgeben. Durch sie erkaufen Sie sich etwas Nützliches – Zeit.

Dreht das Modell oder scheint es rückwärts zu fliegen, oder haben Sie irgendeinen Zweifel, was es macht, dann geben Sie etwas Nickfunktion vorwärts. Dies wird das Modell in die Richtung fliegen lassen, in welche die Rumpfspitze gerade zeigt, oder die Drehung beenden. Der Versuch die Drehung direkt zu stoppen kann alles verschlimmern, weil man sehr wohl das verkehrte Seitensteuersignal

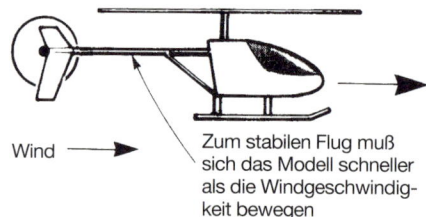

Wind ⟶

Zum stabilen Flug muß
sich das Modell schneller
als die Windgeschwindig-
keit bewegen

*Abb. 5.14   Geschwindigkeit über Grund muß
höher als die Windgeschwindigkeit sein*

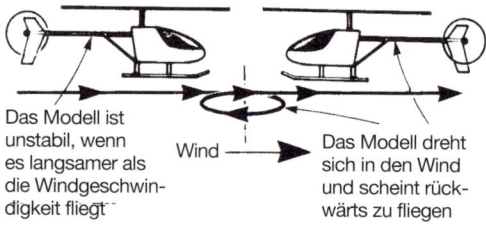

Das Modell ist
unstabil, wenn
es langsamer als
die Windgeschwin-
digkeit fliegt

Wind ⟶

Das Modell dreht
sich in den Wind
und scheint rück-
wärts zu fliegen

*Abb. 5.15   Auswirkung zu geringer Geschwin-
digkeit beim Flug mit dem Wind*

geben kann. Entsteht die Rotation durch einen Schaden am Modell, dann handelt es sich um ein anderes Problem, das wir in einem späteren Kapitel besprechen wollen. Jetzt aber zurück zum Fliegen im Kreis.

Wenn wir den Steckenabschnitt mit dem Wind durchflogen haben, folgt noch eine Kurve, um das Modell wieder gegen den Wind zu stellen. Hier droht schon die nächste Gefahr (das haben Sie sich wohl schon gedacht!), wenn Ihre Geschwindigkeit nach der Kurve nicht höher als die Windgeschwindigkeit ist. Das Modell fliegt nun wohl auf Sie zu und gegenüber der es umgebenden Luft vorwärts. Gegenüber dem Grund aber steht es still oder fliegt sogar rückwärts. Sie sind aber auf den Schwebeflug, mit der Rumpfspitze auf Sie zeigend, nicht vorbereitet und müssen sich anders helfen.

Als ich begann zu fliegen löste ich das Problem, indem ich absichtlich eine steile Tauchkurve in den Wind geflogen habe und dadurch eine hohe Fahrt bekam (Abb. 5.16).

Man erreicht eine höhere Sinkgeschwindigkeit, wenn man vor Beginn der Kurve das Gas etwas zurücknimmt. Später kann dies zu einer schlechten Angewohnheit werden und man sollte daran arbeiten, eine besser gesteuerte Kurve zu fliegen und einen langsamen, stabilen Flug gegen den Wind anzuschließen.

Nicht übertreiben

So, das Modell fliegt nun zu Ihnen zurück, gegen den Wind und Sie müssen Höhe verlieren, langsamer fliegen und wieder in den Schwebeflug kommen. Nehmen Sie gerade so viel Gas weg, damit das Modell so sinkt, daß es genau vor Ihnen Bodenhöhe erreicht. Muß zuviel Gas weggenommen werden, nochmals einen Anflug durchzuführen und dabei weiter draußen (Vorsicht!) oder aus geringerer Flughöhe beginnen. Das ist viel einfacher, wenn das Modell mit einem Autorotations-Freilauf ausgerüstet ist. Aber auch darauf komme ich später noch.

Wenn sich das Modell dem Boden nähert, Nickfunktion nach hinten geben um es abzufangen, ohne dabei zusätzlich Gas zu geben. Kein Gas geben und den Knüppel der Nickfunktion nicht loslassen, bevor das Modell seinen Vorwärtsflug beendet hat. Im Zweifelsfall Gas geben, Knüppel nach vorn und nochmals neu anfliegen. Wenn man es richtig macht, behält das Modell, bei verringerter Fahrt und immer mehr nach oben zeigender Rumpfspitze, seine Flughöhe bei, bis es zum Stillstand kommt. Rumpfnase

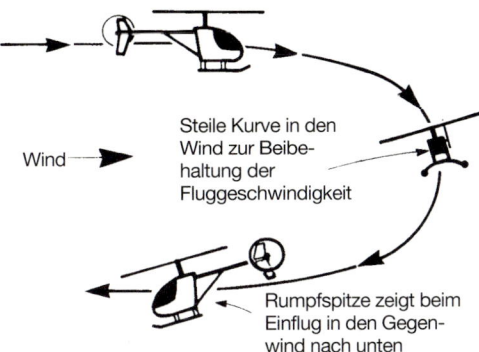

Steile Kurve in den Wind zur Beibehaltung der Fluggeschwindigkeit

Wind →

Rumpfspitze zeigt beim Einflug in den Gegenwind nach unten

Abb. 5.16   Steilkurve gegen den Wind, um die Fluggeschwindigkeit zu erhalten

nach unten drücken, Gas dem Schwebeflug anpassen und schon haben Sie es geschafft (Abb. 5.17).

Wenn noch genügend Treibstoff vorhanden ist, sofort Gas geben und einen weiteren Landeanflug machen, um Selbstvertrauen zu gewinnen und um sich selbst zu beweisen, daß es nicht nur ein glücklicher Zufall war. Dieser Zugewinn von Vertrauen wird von nun an immer wichtiger.

Negativer Pitch hilft

Beim Hubschrauber sehen zahlreiche Modellflieger den Sinkflug aus einem schnellen Vorwärtsflug als sehr schwierig an. Es gibt aber verschiedene Möglichkeiten, diesen Vorgang einfacher und sicherer zu machen.

Bis jetzt war das Modell so eingestellt, daß der Pitch, auch Blattwinkeleinstellung genannt, der Hauptrotorblätter stets positiv war. Man kann sich vieles erleichtern, wenn man etwas negativen Pitch einsetzt. Bisher haben wir dies vermieden um nicht Gefahr zu laufen, daß die Rotorblätter auf den Leitwerksträger aufschlagen, als wir den Schwebeflug geübt haben. Hat man aber gelernt im Kreis zu fliegen, dann sollte dieses Risiko nicht mehr vorhanden sein, weil man nun weiche Landungen machen kann und die Drossel ausreichend beherrscht.

Mittlerweile lassen sich die Rotorblätter auf - 1½° bis -2° einstellen, wenn die Drossel vollständig geschlossen ist. Ein Landeanflug ist möglich, bei dem die Blätter auf Null stehen oder etwas negativ eingestellt sind, die Drossel aber etwas geöffnet ist, um volle Steuerbarkeit zu gewährleisten.

Man erreicht dies aber auch durch Betätigung des Gasvorwahlschalters am Sender. Diese Funktion wird an anderer Stelle ausführlicher beschrieben.

Das Modell kommt zum Stillstand, mehr Gas geben und Nick-funktion vorwärts zum senken der Rumpfspitze

Wind

Die Rumpfspitze wird zur Ver-ringerung der Geschwin-digkeit immer weiter angehoben

Weniger Gas und Nickfunktion rückwärts

Abb. 5.17   Abfangen und Übergang zum Schwebeflug

Der Zweck ist eine künstliche Erhöhung der Leer-laufdrehzahl, wenn der Drosselknüppel völlig ge-zogen ist.

Hat das Modell einen Autorotations-Freilauf, so kann dieser zusammen mit dem Negativpitch ein-gesetzt werden, um sehr steile Sinkflüge bei völlig geschlossener Drossel zu ermöglichen. Darüber mehr in Kapitel 8.

Schlechte Angewohnheiten

Beginnt man damit, sein Modell regelmäßig im Kreis zu fliegen, dann muß man darauf achten, sowohl links- wie auch rechtsherum zu fliegen, um erst gar keine Vorurteile gegen eine bestimmte Richtung aufkommen zu lassen. Ich habe bereits erwähnt, daß Rechtshänder einen natürlichen Hang zu Linkskurven haben. Es wird sehr leicht zur Gewohnheit, alle Kurven linksherum zu fliegen und irgendwann erreicht man einen Punkt, an dem man nur noch widerwillig Rechtskurven fliegt. Ist es erst einmal so weit gekommen, dann wird alles noch schlimmer, weil die meisten Hubschraubermodelle sich bei Rechts- oder Linkskurven unterschiedlich verhalten.

Man kann es gar nicht oft genug wiederholen – lassen Sie erst gar keine Vorliebe für ein Verhalten oder eine Richtung aufkommen. Sobald man merkt, daß sie aufkommen könnte, muß man etwas dage-gen tun und zwar sofort!

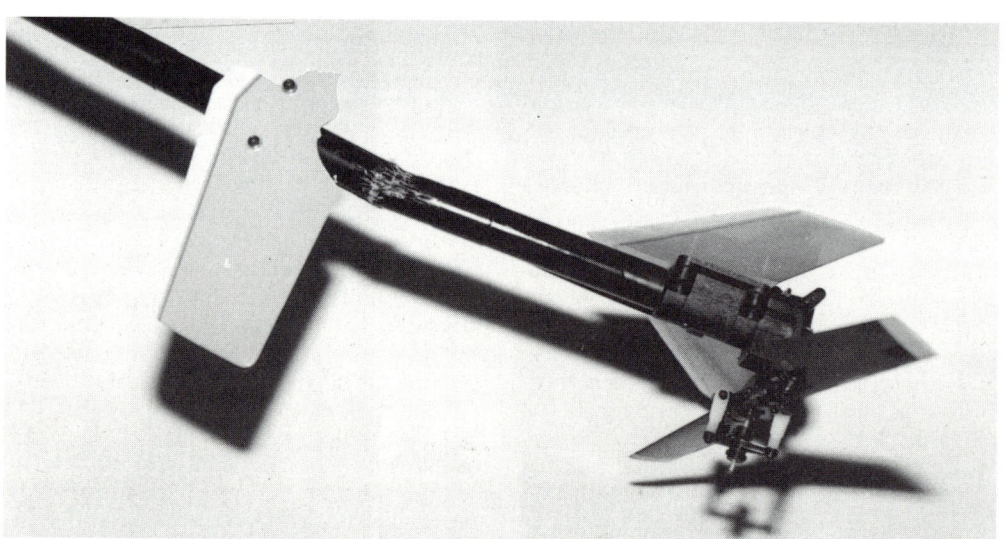

Abb. 5.18   Typischer Schaden durch Aufschlagen des Hecks. Das Modell ist eine Kalt »Cyclone«, deren Heckrotor durch Riemen angetrieben wird. Die Spannung des Riemens vergrößert den Scha-den am Leitwerksträger, aber Reparaturen sind einfacher.

Kapitel 6
Fortschritte beim Fliegen

In welche Richtung fliegt er?

Wenn man soweit gekommen ist, daß man seinen Hubschrauber wie ein Flächenmodell fliegen kann, dann kommt es bestimmt früher oder später dazu, – wahrscheinlich eher früher –, daß man bezüglich der genauen Lage oder dem Verhalten des Modells unsicher wird.

Dabei gibt es zahlreiche Variationen. Sie reichen von einer kurzen Unsicherheit bis zur völligen Desorientierung mit Kontrollverlust und Absturz.

Nicht nur der Pilot von Hubschraubermodellen leidet unter diesem Problem. Auch die Piloten von Flächenflugmodellen müssen beim Lernen damit

Abb. 6.1   Unter den Hubschrauberfliegern besteht die Tendenz zur Verwendung standardisierter, im Handel erhältlicher Verzierungen. Diese Heim »Lockheed« von Jim Fox ist eine bemerkenswerte Ausnahme!

fertigwerden. Allerdings wird ein Flächenmodell dabei weiterfliegen, während das Hubschraubermodell ständig geflogen werden muß und die Gefahr eines Absturzes wegen Orientierungsverlust viel größer ist.

Merkwürdigerweise hat dies aber alles überhaupt nichts mit dem Sehvermögen des Piloten zu tun. Es spielt überhaupt keine Rolle, wie gut man das Modell sehen kann, wenn man nicht fähig ist, die aufgenommene Information in die notwendigen Konsequenzen umzusetzen. Deshalb trifft es tatsächlich zu, daß dieses Problem geringer wird, je mehr Erfahrung man hat. Irgendwann wird es völlig verschwinden. Dies ist ein schwacher Trost für diejenigen, die jetzt noch ständig Modelle »hinschmeißen«, weil sie die Orientierung verloren haben. Sehen wir einmal, was wir dagegen tun können.

1. Das Modell sichtbarer machen. Ich habe festgestellt, daß es eine große Hilfe ist, wenn die Hauptrotorblätter mit einem glänzenden, weißen Material überzogen sind. Bei Sonnenlicht wird die Rotorscheibe sichtbar und gibt besseren Hinweis auf die Schräglage des Modells. Ein Hubschraubermodell ist ein sehr schmales Objekt und, wenn man die Rotorscheibe nicht sieht, kann man nur an den Kufen erkennen, ob er schräg oder waagerecht liegt. Abb. 6.2 verdeutlicht die beschriebene Situation.
Abb. 6.3 zeigt die Wirkung einer sichtbar gemachten Rotorscheibe. Bei schlechtem Licht ist die Wirkung weniger deutlich, aber die Rotorscheibe ist doch besser zu sehen, besonders wenn das Modell sich vor einem anderen Hintergrund als dem Himmel befindet.
2. Die beiden Abbildungen verdeutlichen auch die mögliche Schwierigkeit zu unterscheiden, ob das Modell auf einen zufliegt oder wegfliegt. Diesem Problem ist schwerer beizukommen, wenn es sich um ein Modell mit Rumpf und Leitwerksträger handelt. Eine Lösung wäre, die vordere Rumpfverkleidung in einem deutlich sichtbaren Farbton zu streichen. Manche sehen eine bestimmte Farbe viel besser als andere. Trifft dies bei Ihnen zu, dann wissen Sie ja, wie Sie den Rumpfkopf zu streichen haben. Bei solchen Baumustern erscheint der Rest des Modells vorwiegend schwarz und wenn man viel Farbe erkennt, muß es auf einen zufliegen!
3. Auch der Umriß des Modells kann hilfreich sein. Manche Baumuster (besonders die von Hirobo)

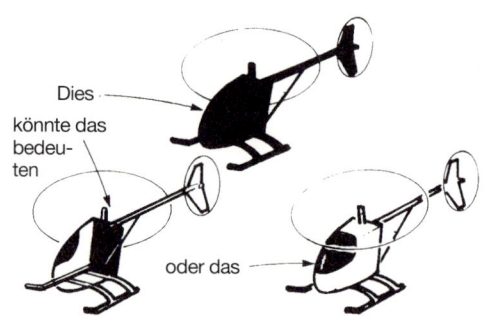

Abb. 6.2 *Verwirrung durch die Silhouette*

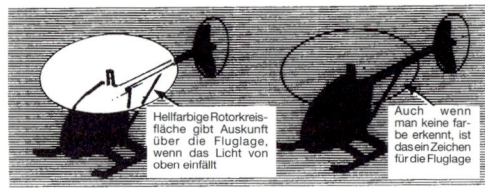

Abb. 6.3 *Silhouette und Rotorkreisfläche*

haben eine waagerechte Stabilisierungsfläche mit zwei Endscheiben (Abb. 6.4). Diese Anordnung kann uns Auskunft sowohl über die Schräglage, wie über die Flugrichtung geben, besonders wenn die Endscheiben innen und außen in verschiedenen Farben gestrichen sind.
4. Wenn man es soweit gebracht hat, daß Abstürze zur Seltenheit geworden sind (falls das überhaupt jemals gelingt!), dann ist ein vorbildgetreuer Rumpf die beste Hilfe zur Orientierung. Er ist stets breiter und höher, was uns wesentlich hilft. Die höheren Kosten und Schwierigkeiten bei einer Reparatur tragen vielleicht sogar zu einem weniger risikofreudigen Fliegen bei

Abb. 6.4 *Leitwerk mit doppelten Endscheiben*

Höchstgeschwindigkeit

Wenn man gelernt hat seinen Hubschrauber wie ein Flächenmodell umherzufliegen, wird man bemerken, daß man immer mehr Gas gibt, bis man die Drossel ganz geöffnet hat. Das Modell fliegt nun mit der höchsten Geschwindigkeit deren es fähig ist. Es ist nun in einem Zustand, bei dem die Leistung, die höher ist als es zur Beibehaltung seiner Flughöhe benötigt, in Vorwärtsbewegung umgesetzt wird. Dies bedeutet, das Modell fliegt mit deutlich gesenkter Rumpfspitze (Abb. 6.5). In diesem Flugzustand ändern sich einige Trimmungen – und Kompromisse – erheblich.

Dabei kommt der Heckrotortrimmung gewiß besondere Bedeutung zu. Wir wissen bereits, daß der Wetterfahnen-Effekt wegen des Vorwärtsflugs den Heckrotor zu wirksam werden läßt. Das wird noch etwas komplizierter, wenn eine Hubschrauber-Funkfernsteuerung eingesetzt wird, die einen Mischer für kollektiven Pitch/Heckrotor hat. Es wird nämlich dann der Pitch des Heckrotors erhöht um die höhere Leistung und Pitch auszugleichen.

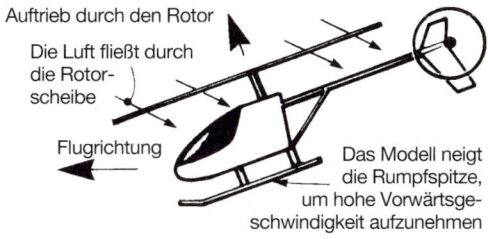

Auftrieb durch den Rotor

Die Luft fließt durch die Rotorscheibe

Flugrichtung

Das Modell neigt die Rumpfspitze, um hohe Vorwärtsgeschwindigkeit aufzunehmen

Abb. 6.5   Vorwärtsflug mit hoher Geschwindigkeit

Aus diesem Grund bieten spezielle Hubschrauber-Funkfernsteuerungen mit einer zweiten Gasvorwahl (»Idle up 2«) gewöhnlich eine Möglichkeit das Ansprechen des Heckrotors zu modifizieren, wenn man auf diese Möglichkeit zurückgreift. Man erreicht dies durch Zuschaltung einer »up« und »down« Kompensation (bei JR-Anlagen) oder durch eine zusätzliche Funktion für die Reduzierung des

Abb. 6.6   Der »Concept« von Kyosho ist sehr handlich und überzeugt durch seine hervorragenden Flugeigenschaften

Up-Bereichs (bei Futaba-Anlagen). Ein anderer Weg ist, einfach das Heck-Kompensationssystem abzuschalten und einige Funkfernsteueranlagen haben zu diesem Zweck einen leicht zugänglichen Schalter.

Bei hohen Geschwindigkeiten wird die Wirkung der Nickfunktion nach vorn und hinten bei einigen Modelltypen recht bedenklich. Nach meiner Ansicht gibt es eine bestimmte Beziehung zwischen der Größe und dem Einstellwinkel der waagerechten Stabilisierungsfläche (Leitwerk) und dem Winkel der Hauptwelle (bei manchen Mustern ist die Welle nach vorn geneigt).

Dieser Zusammenhang ist aber bisher noch nicht ausreichend untersucht um zu behaupten, daß eine bestimmte Anordnung beim schnellen Vorwärtsflug für Stabilität sorgen würde. Nicht alle Fachleute sind sich in diesem Punkt einig und viele erfahrene Modellflieger bleiben dabei, daß die waagerechte Stabilisierungsfläche unnötig ist.

Das am häufigsten auftretende Problem ist das Stampfen des Modells oder daß es außergewöhnlich empfindlich auf Höhensteuerbefehle reagiert. Eine andere häufige Erscheinung ist das Aufbäumen des Modells bei ansteigender Fahrt. Dies macht es schwierig, wenn nicht unmöglich, einen flachen gedrückten Einflug in eine Kunstflugfigur durchzuführen Jedes Spiel in den Gestängen der Nickfunktionen nach vorn und nach hinten wirkt sich erschwerend aus. Manche Muster sind bei den Gestängen anderen weit überlegen. Man sollte nach Systemen Ausschau halten, die zwei Anlenkungen der Taumelscheibe haben, eine vorn und eine hinten.

Rascher Sinkflug

Bei steigender Geschwindigkeit werden die Schwierigkeiten beim Sinkflug und dem Übergang zurück in den Schwebeflug größer. Manchmal bemerkt man, daß ein Modell überhaupt nicht sinken will, bis ein beachtlicher Grad von negativem Pitch anliegt.

Natürlich können Sie vor dem Sinkflug das Modell langsam machen, aber die Probleme bleiben bei windigem Wetter bestehen. Auch wenn das Modell über Grund langsam fliegt, kann seine Geschwindigkeit gegenüber der umgebenden Luft recht hoch sein. Auch hier sorgen moderne Funkfernsteuerungen vor.

Sie besitzen eine eigene Möglichkeit zur Anpassung des kleinen Pitch in Verbindung mit der Funktion Idle Up 2 (Gasvorwahl 2). Damit ist es möglich mehr negativen Pitch als gewöhnlich (sagen wir -5°) zu bekommen, falls dies erforderlich ist.

Das gesamte Thema Vorwärtsflug mit hoher Geschwindigkeit bekommt steigende Bedeutung, wenn man sich im Kunstflug versucht, wie in Kapitel 9 beschrieben.

Kapitel 7
Schwebeflug für Fortgeschrittene

Jede Flugfigur, oder das Fliegen im Kreis, das Ihr Modell ziemlich langsam fliegend ausführt, kann als erweiterter Schwebeflug angesehen werden. Dabei unterliegt das Modell nicht, wenigstens nicht in bemerkenswertem Umfang, Änderungen der Trimmung oder der Wirkung des translationalen Auftriebs, die beim schnellen Vorwärtsflug auftreten.

Wir haben bereits den Vollkreis besprochen, bei dem das Heck zum Kreismittelpunkt zeigt, und der in beiden Richtungen geflogen werden kann. Die gleiche Flugfigur kann auch wieder in beiden Richtungen und so geflogen werden, daß das Modell Ihnen seine Seite zeigt und dabei vorwärts fliegt (Abb. 7.1) oder rückwärts (Abb. 7.2).

Bisher haben wir nur Vollkreise um den Piloten herum besprochen. Der nächste Schritt ist ein Vollkreis oder das Fliegen neben dem Piloten (Abb. 7.3). Von vielen Piloten wird dies als außergwöhnlich schwierig angesehen; aber auch hier gilt, was zuvor gesagt wurde, je länger man es aufschiebt, umso schwieriger wird es. Es gibt keine einfache Lösung. Man muß die ersten Versuche in Sicherheitshöhe machen, das heißt auch mit etwas Fahrt, weil es schwierig ist, in jeder Höhe oder in jeder Entfernung langsam zu fliegen.

Danach kann man Höhe und Fahrt schrittweise reduzieren, bis das Modell ganz langsam Kreise knapp über dem Boden fliegt. Es kann sehr lange dauern, bis man es kann – manche Modellflieger

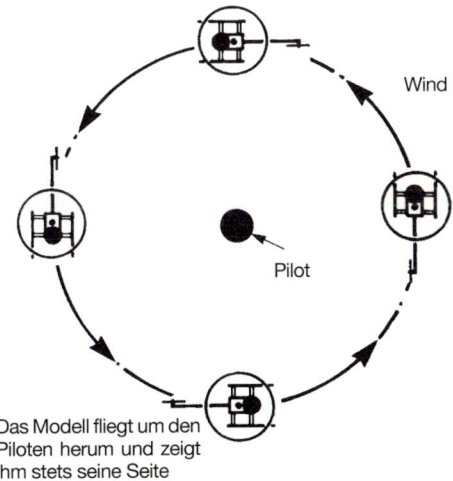

Das Modell fliegt um den Piloten herum und zeigt ihm stets seine Seite

Abb. 7.1   Kreis vorwärts

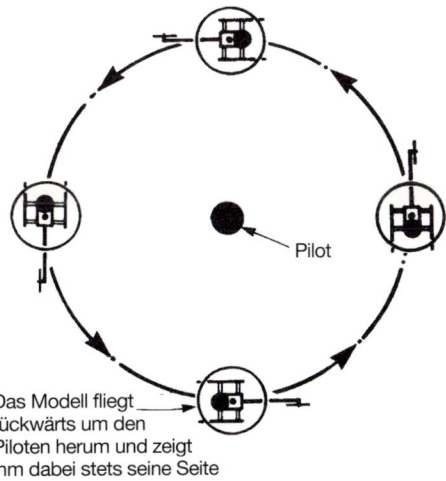

Das Modell fliegt rückwärts um den Piloten herum und zeigt ihm dabei stets seine Seite

Abb. 7.2   Kreis rückwärts

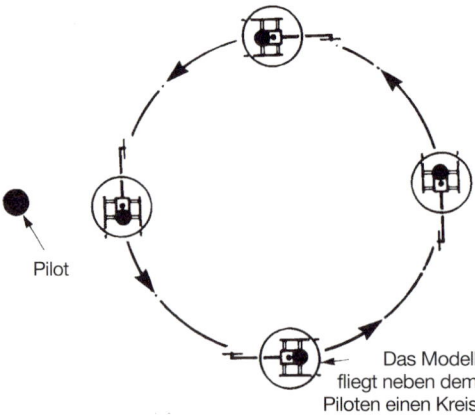

Pilot

Das Modell
fliegt neben dem
Piloten einen Kreis

Abb. 7.3   Der Pilot steht außerhalb des Kreises

arbeiten. Wenn das Modell mit der Rumpfspitze Ihnen zugewandt ist, anstatt Ihnen das Heck zu zeigen, dann scheinen Roll- und Nickfunktionen umgekehrt zu wirken. Das Umlernen ist sehr schwer – auch das lernen manche Modellflieger nie – und es gibt verschiedene Vorschläge, wie man die Anfangsschwierigkeiten meistert.

Kann man erst einmal das Modell im Kreis herumfliegen, dann kann man es auch auf sich zusteuern. Kein Problem für erfahrene Flächenmodell-Piloten. Will man aber das Modell in dieser Lage anhalten, scheint plötzlich alles ganz anders zu sein und man gerät leicht in Verlegenheit. Der Grund liegt darin, daß das Steuern der Höhe des Hubschraubers beim Schwebeflug gegenüber dem Vorwärtsflug völlig unterschiedlich ist. Es scheint völlig natürlich, die Nickfunktion zu ziehen, wodurch sich aber das Modell wieder entfernt. Erinnern Sie sich an die Grundregel in einer solchen Situation: Beide Knüppel nach vorn. Sind Sie aber vorbereitet notfalls zur Seite zu springen!

Üben Sie das Fliegen auf sich zu mit immer weniger Fahrt (und in Sicherheitshöhe) mit häufigen kurzen Stops. Seltsamerweise habe ich herausgefunden, daß wenn dies bei recht starkem aber gleichmäßigem Wind geübt wird, man den Eindruck haben kann, das Modell fliege vorwärts, selbst wenn es gegenüber dem Boden in der Luft steht! In dieser Situation verhält sich die Höhensteuerung eher wie bei einem Flächenmodell, also anders als bei einem Hubschrauber im Schwebeflug.

lernen es nie – es bringt einem aber der nächsten Aufgabe, die zu bewältigen ist, immer näher; dem Vollkreis, bei dem die Rumpfspitze zum Kreismittelpunkt zeigt.

Vollkreis – die Rumpfspitze zeigt nach innen.

Wir haben eine Menge Zeit damit verbracht den Sicherheits-Schwebeflug zu lernen, da beginnen die mühsam erarbeiteten Reflexe gegen einen zu

Abb. 7.4   Der Exote: »Lockheed« von Sitar mit Elektro-Antrieb. Fliegt mit 24 Zellen einwandfrei.

Dabei ist es auch einfacher, die Vorwärtsbewegung zu beenden, weil viele Modelle eines Einwirkens bedürfen, um vorwärts zu kommen, wenn mehr als eine steife Brise weht. Sollten Sie in einer solchen Situation einmal in Schwierigkeiten geraten, dann ist die bessere Art sich daraus zu befreien eine halbe Drehung des Hubschraubers mit Hilfe der Heckrotorsteuerung, um dem Modell zu ermöglichen mit Rückenwind wegzufliegen. Danach kann man es zurück in den Wind drehen und einen weiteren Versuch beginnen.

Jetzt wird es Zeit etwas mehr über den Unterschied der Höhenruderwirkung beim Schwebeflug gegenüber der beim Vorwärtsflug zu sagen. Beim Vorwärtsflug läßt die Betätigung des Höhenruders (Nickfunktion nach hinten) das Modell steigen, gerade wie ein Flugzeug. Beim Schwebeflug läßt genau der gleiche Fernsteuerbefehl das Modell rückwärts fliegen. Das ist durch verschiedene Faktoren bedingt und man muß sich erst daran gewöhnen, besonders wenn man reichlich Erfahrung mit Flächenmodellen hat.

Es gibt noch eine Art den Schwebeflug zu lernen, bei dem das Modell mit der Rumpfspitze auf den Piloten zeigt. Man stellt es in dieser Richtung auf den Boden und fängt ganz von vorne an fliegen zu lernen. Dies ist aber eine recht frustrierende Art und man ist ständig versucht das Modell herumzudrehen, um es richtig zu fliegen.

Am Ende dreht man sich selbst herum und nimmt das Modell dabei mit. Man fliegt damit eine der schwierigsten Flugfiguren im Schwebeflug – den Vollkreis, bei dem die Rumpfspitze zum Piloten zeigt.

Pirouetten

In ihrer einfachsten Form besteht diese Flugfigur darin, das Modell in einen stabilen Schwebeflug zu bringen und dann den Heckrotor voll nach links oder rechts wirken zu lassen. In der Theorie sollte sich das Modell nun um seine Hochachse drehen, bis der Steuerbefehl beendet wird und die Drehung aufhört. Sollte das Modell aus eigenem Antrieb sich drehen, weil irgendeine Störung vorliegt, dann wird es gewöhnlich auf der Stelle fröhlich rotieren. Versucht man aber gleiches absichtlich, so wird es sicher nach nur einer Umdrehung mit großer Geschwindigkeit in eine niemals erwartete Richtung davonschießen!

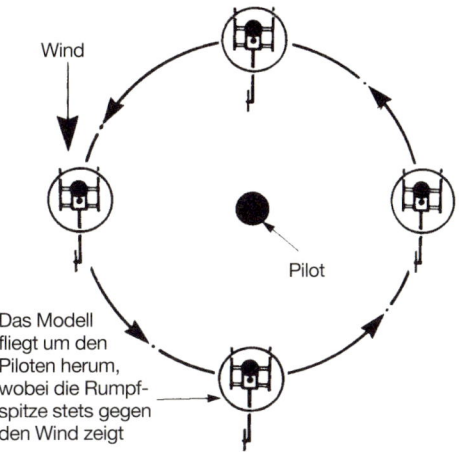

Abb. 7.5   Kreis, bei dem die Rumpfspitze stets in die gleiche Richtung zeigt

Wieder einmal kommen wir auf den guten alten Rat zurück, in Sicherheitshöhe zu üben. Sind Ruderwegschalter vorhanden, dann sollte man sie bei den Roll-Nickfunktionen auf den kleinsten Wert einstellen, weil Schwierigkeiten (unbeabsichtigt) gewöhnlich vom Piloten hausgemacht sind. Außerdem wird das Modell dadurch so zahm wie möglich. Viele Modelle benötigen etwas Rollfunktion für eine stabile und flache Drehung. Diese erfolgt gewöhnlich – aber nicht immer – in die gleiche Richtung wie der Steuerbefehl an den Heckrotor.

Ist eine Ruderwegeinstellung für die Seitensteuerung vorhanden, dann sollte sie möglichst hoch eingestellt werden, damit das Modell so schnell wie möglich dreht. Obwohl dadurch das Rollen und Nicken übertrieben werden, so werden doch die ersten Versuche weniger traumatisch. Es ist nicht empfehlenswert die Kontrolle über einen langsam drehenden Hubschrauber und/oder die Orientierung zu verlieren.

Vollkreis – die Rumpfspitze zeigt immer in die gleiche Richtung

Man kann die Pirouette mit dem Schwebeflug-Kreis kombinieren, wenn man sich dreht und das Modell mitnimmt Abb. 7.5. Das Modell zeigt aber gegenüber der früheren Erklärung dabei stets in den Wind.

Das Modell fliegt also, gegenüber dem Piloten eine langsame Pirouette und fliegt dabei um den

Piloten herum. Wenn man die langsame Pirouette schon fast beherrscht, erscheint einem dies einfacher, weil das Modell stets in den Wind zeigt.

Eine andere Variation davon ist der Schwebeflug, bei dem das Modell stets die gleiche Richtung zeigt und man langsam um das Modell herumgeht (Abb. 7.6). Diese Flugfigur ist als »Promenade« bekannt.

Die horizontale Acht

Sie darf nicht mit unserer alten Bekannten, der zuvor beschriebenen liegenden Acht verwechselt werden (Abb. 5.4). Sie ist ein richtiger Kurs in Form einer Acht, wird mit geringer Geschwindigkeit vor dem Piloten geflogen (Abb. 7.7) und gehört zu den Pflichtfiguren bei FAI-Wettbewerben. Die meisten Fachleute sind sich darin einig, daß es sich dabei möglicherweise um die schwierigste aller Schwebeflug-Figuren handelt. Sie kombiniert die Schwierigkeiten des Vollkreises, bei dem die Rumpfnase nach innen zeigt, mit denen der Pirouette. Bei Wettbewerben muß die Figur um vier Markierungen herum geflogen werden, wodurch sie noch schwieriger wird.

Wenn man den Vollkreis, bei dem die Rumpfspitze nach innen zeigt, recht gut beherrscht, wird man vielleicht feststellen, daß diese Figur leichter zu fliegen ist, wenn man mit dem Rücken zum Wind steht und das Modell bei Start und Landung einem die Rumpfspitze zeigt. So wird diese Figur der liegenden Acht gleich, bei der die Rumpfspitze tatsächlich nicht den Blick des Piloten kreuzt. Ein nützlicher »Trick« bei FAI-Wettbewerben, wo der tatsächliche Flugweg des Modells eindeutig vorgeschrieben ist.

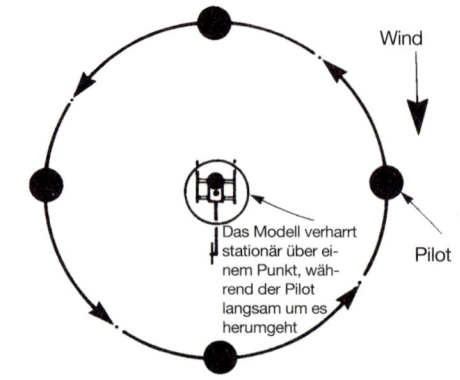

Das Modell verharrt stationär über einem Punkt, während der Pilot langsam um es herumgeht

Wind

Pilot

Abb. 7.6   Promenade

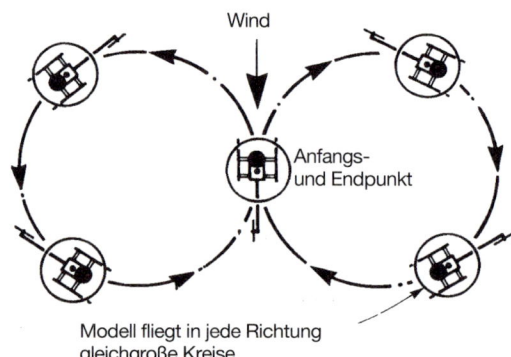

Wind

Anfangs- und Endpunkt

Modell fliegt in jede Richtung gleichgroße Kreise

Abb. 7.7   Horizontale Acht

Kapitel 8
Autorotation

Pitch

Genau gesagt gibt es zwei Arten von Autorotation: Eine Sicherheitsmaßnahme, um das Modell nach einem Motorausfall unversehrt zu landen oder eine Kunstflugfigur. Der Unterschied ist, daß im ersten Fall es keine Rolle spielt, wo das Modell landet, solange der Landeplatz frei von Menschen und Gerät ist – oder wie schlecht die Landung ausfällt, während sie im zweiten Fall gut aussehen und auf einem kleinen Fleck erfolgen muß. Grundsätzlich erfolgt das Sinken in Autorotation durch Verringerung des Pitch der Hauptrotorblätter bis in eine negative Einstellung – typisch sind -2° bis -3° – damit die Blätter weiterdrehen, während das Modell mit stehendem Motor sinkt. Der tatsächlich eingestellte Pitch ist ziemlich entscheidend und kontrolliert das Sinken. Zu viel Negativpitch führt zu sehr raschem Sinken bei hoher Drehzahl der Rotorblätter. Ungenügender Negativpitch hingegen führt zu einem flachen Gleiten mit geringer Rotordrehzahl. Es mag schwierig sein, sich das Gleiten eines Hubschraubers vorzustellen, aber es trifft genau zu, weil es direkt mit dem Gleiten eines Flächenmodells vergleichbar ist. Bei einem Flächenmodell wird die Vorwärtsbewegung durch den Flug »abwärts« verursacht (das Höhensteuer regelt die Fahrt) und man muß darauf achten, daß die Geschwindigkeit gegenüber der umgebenden Luft erhalten bleibt, um ein Überziehen zu vermeiden, wodurch das Modell nicht mehr steuerbar wäre.

Diese Analogie kann man sogar noch weiterführen, wenn wir nämlich einmal überlegen, was kurz vor dem Überziehen vor sich geht. Bei einem Flugzeug kann man die Rumpfspitze anheben und den Anstellwinkel vergrößern, bis das Modell sehr langsam fliegt, aber die Strömung noch nicht ganz abreißt. Etwa so ähnlich kann man den Negativpitch der Rotorblätter verringern – man kann sogar geringfügig in das Positive gehen – ohne daß die Blätter wirklich stehenbleiben. Dies ist aber gefährlich, weil zu wenig Energie vorhanden ist, das Modell abzubremsen und zu landen. Daraus erkennen wir die Möglichkeit, sowohl die Sinkgeschwindigkeit, wie auch den Sinkwinkel zu steuern, indem man den Pitch variiert (Abb. 8.1). Um es richtig zu machen, bedarf es aber eines gehörigen Trainings.

Es gibt eine einzige optimale Einstellung des Pitchs, welche die maximale Drehzahl der Blätter ergibt und diesen idealen Punkt gilt es beim Einstellen des Modells zu finden. Beachten Sie, daß das verwendete Wort »ideal« ist und nicht das Wort »richtig«. Der richtige Pitch kann nämlich durch andere Faktoren beeinflußt werden. Der richtige Pitch eines Modells kann nur durch experimentieren ermittelt werden. Deshalb bevorzugen erfahrene Wettbewerbsflieger ein Übermaß an Pitch, den sie dann im Sinkflug »herunterfliegen«. Falls Sie an der Autorotation nur als ein Mittel zur Rettung des Modells bei Motorausfall interessiert sind, kann der Pitch einfach nach den Angaben des Herstellers eingestellt werden (oder im Zweifelsfall -2,5°). Es muß aber mit Nachdruck darauf hingewiesen werden, die Figur dennoch zu üben, wenn man im Notfall auch nur die geringste Chance haben will.

Autorotations Freilauf

Bisher sind wir auf die Wirkung einer Autorotations-Kupplung am Modell noch nicht eingegangen. Die Vorrichtung sollte besser als Freilauf be-

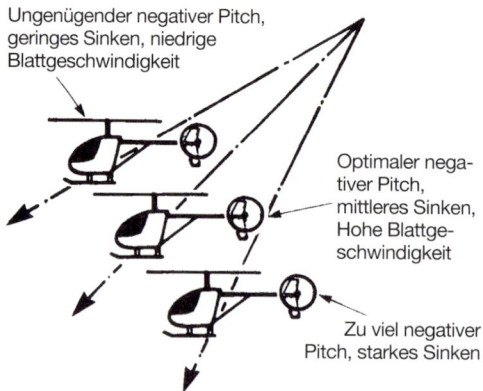

Ungenügender negativer Pitch, geringes Sinken, niedrige Blattgeschwindigkeit

Optimaler negativer Pitch, mittleres Sinken, Hohe Blattgeschwindigkeit

Zu viel negativer Pitch, starkes Sinken

Abb. 8.1   Die Auswirkung des Pitch auf den Gleitwinkel

zeichnet werden. Er dient dazu, die Rotorblätter sich mit großer Drehzahl drehen zu lassen, während der Motor im Leerlauf dreht, oder völlig abgeschaltet ist. Dieser Zustand ist ohnehin erreicht, sobald die Kupplung ausgehoben hat, aber es gibt gute Gründe dem Rotor zu gestatten, sich frei zu drehen. Der

Motor benötigt etwas Zeit bis er so langsam dreht, daß die Kupplung ausheht und er wird in dieser Zeit versuchen, den Rotor abzubremsen. Dies ist aber nicht erwünscht. Noch ein Grund: Ohne Freilauf würde der Heckrotor mit normaler Geschwindigkeit weiterdrehen und dabei versuchen, ein Drehmoment auszugleichen, das es überhaupt nicht mehr gibt.

Das bedeutet also, daß ohne Freilauf ein unerwünschter Giereffekt entstünde, der die Landung schwieriger macht, besonders wenn man den Mischer für Heckrotor/kollektiver Pitch benutzt. Dieses Mischen erhöht den Pitch des Heckrotors um das höhere Drehmoment auszugleichen, wenn der kollektive Pitch hinzukommt. Bei einer Landung in Autorotation gibt es aber überhaupt kein Drehmoment und der Giereffekt tritt sogar noch deutlicher in Erscheinung. Um dagegen anzugehen wird der Freilauf normalerweise am Hauptgetrieberad angebracht, das die Rotorwelle antreibt (Abb. 8.3). Damit dreht sich der Heckrotor gleichzeitig mit dem Motor langsamer und bleibt sogar stehen, wenn die Kupplung ausheht. Das bedeutet natürlich, daß man das Modell nicht im Sinkflug um seine Gierachse

Abb. 8.2   Der »Star Ranger« von Heim ist ein legendäres Wettbewerbsmodell

(Seitenruder, für Euch Flieger von Flächenmodellen) steuern kann, obwohl es der normale Wetterfahneneffekt des Rumpfes in Flugrichtung hält. Deshalb kann man bei Hubschraubern, die auf FAI-Wettbewerben eingesetzt werden sollen jetzt auch wählen, daß das Heck weiter angetrieben wird, damit das Modell im Sinkflug gesteuert werden kann. Das zeigt aber nur dann richtig Wirkung, wenn gleichzeitig auch eine spezielle Funkfernsteuerung für Hubschrauber zur Verfügung steht, die gestattet, den Pitch des Heckrotors bis auf Null zu verringern, wenn der Motor ausgeschaltet ist.

Ein weiterer Vorteil des Freilaufs im Hauptgetriebe ist, daß der Rotor nicht mit dem restlichen Antrieb belastet wird, die verschiedenen Untersetzungen und der Heckantrieb eingeschlossen, und deshalb freier drehen kann, als dies sonst der Fall wäre.

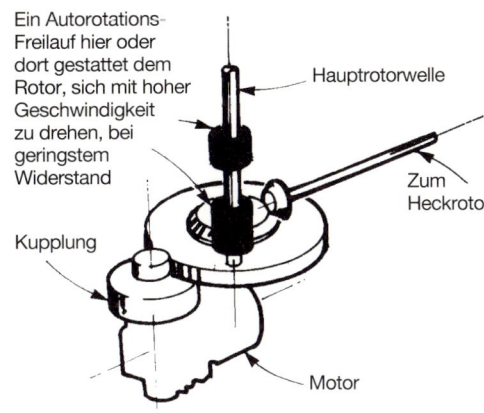

Ein Autorotations-Freilauf hier oder dort gestattet dem Rotor, sich mit hoher Geschwindigkeit zu drehen, bei geringstem Widerstand

Hauptrotorwelle

Zum Heckrotor

Kupplung

Motor

Abb. 8.3   Die Autorotations-Kupplung

Die Landung

So, und nun nähert sich der Hubschrauber mit einiger Fahrt und leerlaufendem Motor dem Boden und man muß ihn landen – weich landen. Früher dachte man, daß die richtige Technik darin bestünde, im genau richtigen Augenblick positiven Pitch zu geben, um, wenn es schon keine weiche Landung wurde, das Modell wenigstens überleben zu lassen. Bei den ersten Hubschraubern war dies wahrscheinlich die einzige Methode, die gerade eben eine Chance bot – aber wirklich nur gerade eben! Damals wie heute ist dies ein schwieriger Landeanflug und er erfordert sehr genaues Timing.

Bei den modernen Geräten ist es richtig, mit etwas Vorwärtsfahrt zu sinken und dann die Fahrt zu nutzen, das Modell wie ein Flugzeug abzufangen, wobei man die Einstellung des negativen Pitch beibehält (Abb. 8.4). So kann man das Modell knapp über dem Boden anhalten, wobei die ganze Rotorblattenergie und der Pitchbereich noch für die Landung zur Verfügung stehen. Selbst wenn man dabei vieles falsch macht, kann das Modell nur wenige Zentimeter fallen. Die größte Gefahr dabei ist, in diesem Augenblick zu viel Pitch zu geben. Das Modell steigt dann wieder und die gesamte nutzbare Rotorblattenergie wird dabei vergeudet. Eine weitere Wirkung des Abfangens ist die Erhöhung der Blattgeschwindigkeit, wodurch ein größerer Sicherheitsfaktor entsteht.

In letzter Zeit hat das breitere Angebot schwerer, glasfaserverstärkter Kunststoff-Rotorblätter diese Flugfigur einfacher werden lassen und sie kann ordentlicher geflogen werden. Wenn man aber einen Fehler macht, dann vergrößern diese Blätter den Schaden am Modell. Sie erhöhen auch die Gesamtfolgekosten eines solchen Versehens.

Man sollte zunächst einmal Versuche aus einer Sicherheitshöhe machen, wobei man die Drossel ganz schließt, ohne den Motor stillzulegen. Dabei keinesfalls die Gasvorwahl einsetzen. Wenn das Modell richtig eingestellt ist, soll es einen steilen und voll steuerbaren Sinkflug machen. Man wird bemerken wie der Heckrotor dabei langsamer dreht oder sogar stehenbleibt. Während man noch auf Sicherheitshöhe ist, setzt man die Nickfunktion nach hinten ein, um das Modell in einem waagerechten Flug abzufangen. Gleichzeitig gibt man Gas zum Schwebeflug. Üben Sie das solange, bis Sie das Modell wenige Zentimeter über dem Boden und genau vor sich zum Schwebeflug bringen. Dem Pilot von Flächenmodellen sollte dies nicht schwerfallen.

Nun aber kommt der schwierigste Teil. Machen Sie es noch einmal, aber mit Gasvorwahl, wenn das Modell seinen Sinkflug beginnt. Ist die Einstellung so, daß ein sicherer Motorleerlauf gewährleistet ist, dann ist genügend Zeit, sie herauszunehmen und es zu schaffen, auch wenn man einiges verkehrt gemacht hat. Die Schwierigkeit liegt darin, selbst zu der Überzeugung zu kommen, daß wenn alles einwandfrei läuft, man das Modell nur noch weich aus

43

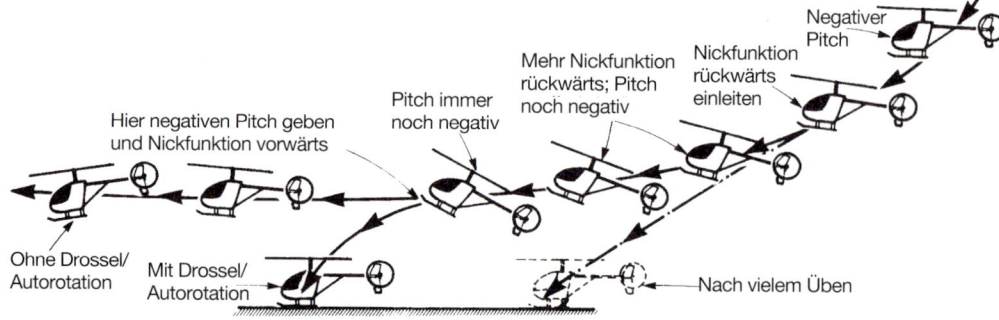

Negativer Pitch

Nickfunktion rückwärts einleiten

Mehr Nickfunktion rückwärts; Pitch noch negativ

Pitch immer noch negativ

Hier negativen Pitch geben und Nickfunktion vorwärts

Ohne Drossel/ Autorotation

Mit Drossel/ Autorotation

Nach vielem Üben

Abb. 8.4   Abfangen in Autorotation

dem niedrigen Schwebeflug auf den Boden sinken lassen muß. Es ist wirklich so einfach, denn Sie haben ja schon den schwierigen Teil gemeistert – den Sinkflug und das Abfangen.

Es kann schon recht schwerfallen den Mut aufzubringen (und es kann schwierig sein, den Schalter zu finden), seine erste vollständige Landung in Autorotation zu machen. Manche Modelle fallen zu Beginn des Sinkfluges stark durch, wobei der Haupt-rotor sich mit entsprechender Geschwindigkeit dreht. Ein Trick, den man bei FAI-Wettbewerben anwendet, ist, beim Schließen der Drossel durch die Gasvorwahl, oder »idle up«, eine hohe Rotorblatt-Drehzahl zu bekommen. Durch diese Technik wird eine sichere Autorotation aus sehr geringer Flughöhe möglich.

Wichtig dabei ist, daß das bereits beschriebene »Durchstarten« mit Gas nicht so oft zu üben, bis es

Abb. 8.5   G. Knipprath hat durch jahrelange Entwicklung viel dazu beigetragen, Qualitäts-Blätter aus glasverstärktem Kunststoff dem Durchschnittsmodellflieger nahe zu bringen.

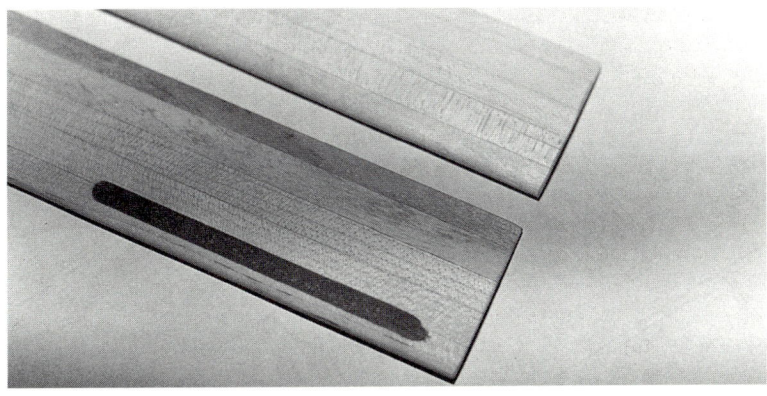

*Abb. 8.6 Rotor-
blätter aus Holz, be-
schwert oder nicht,
erhalten durch Bü-
gelfolie ein sauberes
Finish (siehe unten)*

bei einer wirklichen Landung ohne Motorkraft zu einer Hürde wird. Dadurch würden Ihre Erfolgschancen erheblich verringert, da ein Durchstarten mit laufendem Motor eine ganz andere Technik verlangt, wie eine solche mit stehendem Motor – und dann hat man auf einmal das Verkehrte geübt!

Nicht zu niedrig!

Wenn man überzeugt ist, den Drossel/Autorotationsschalter sicher zu finden und eine Landung in Autorotation abbrechen zu können, dann sollte man vermeiden, es zur Gewohnheit werden zu lassen. Bewegt sich das Modell in etwas Höhe vorwärts, dann wird es keine Schwierigkeiten machen. Ist man allerdings recht spät dran und in geringer Flughöhe, dann kann die Vorwärtsbewegung zu gering sein, um das Heck zu stabilisieren; wenn dann plötzlich Gas gegeben wird, dreht sich das Modell herum. Hat man beim Überlegen den Autorotationsschalter festgehalten, kann sich die Rotorblatt-Geschwindigkeit so weit verringert haben, daß alles nur noch schlimmer wird. Im Zweifelsfall dann doch landen – der Schaden wird vielleicht geringer sein!

Auch bei perfekt vorausberechneter Autorotation, kann das Modell dazu neigen, sich in gleicher Richtung zu drehen, wie sich die Rotorblätter drehen. Dies wird normalerweise aber erst kurz vor dem Aufsetzen erkennbar. Dafür kann es mehrere Gründe geben. Wenn die Kupplung nicht vollständig aushebt und der Heckrotor noch dreht, wird das Heck zur Seite geschoben. Dies wird noch verstärkt, wenn wie bereits beschrieben, etwas Heckkompensation dazukommt. Zur Abhilfe muß die Kupplung richtig eingestellt werden oder man setzt eine der modernen Funkfernsteueranlagen ein, die es gestatten, den Heckrotor in »Segelstellung« zu bringen, wenn der Autorotationsschalter betätigt wird. Hinzu kommt, daß auf dem unteren Lager der Hauptrotorwelle eine starke Belastung liegt, wenn die Fahrt vorwärts auf Null fällt und der Pitch zur Landung erhöht wird, wodurch ein Giereffekt hervorgerufen

Abb. 8.7 Amerikanische Yale »Truespin« Rotorblätter

45

werden kann. Deshalb muß dieses Lager möglichst leichtgängig sein. Neuerdings haben viele Modelle ein Drucklager, das diese Auswirkung mildert. Wenn das Modell bei der Landung sehr stark dreht, dann kann dies an zu viel Pitch liegen, wodurch die beschriebenen Probleme verstärkt werden. Viele Fachleute raten zu 10° bis 12° oder noch mehr Pitch bei der Autorotation. Ich habe herausgefunden, daß 8° bis 9° völlig ausreichen und meine, daß irgend etwas nicht stimmt, wenn mehr erforderlich ist.

Fliegen

Mit sehr viel Übung und steigendem Selbstvertrauen ist es möglich, das Modell in Autorotation ordentlich am Himmel herumzusteuern. Durch Querneigung und zyklische Blattverstellung nach hinten, kann das Modell fast wie ein Flächenmodell kurven. Das Heck wirkt als Wetterfahne und hält die Rumpfspitze in Flugrichtung. Auch hier wird alles durch den Einsatz schwerer Rotorblätter aus glasfaserverstärktem Kunststoff und einem »angetriebenen« Heck erheblich vereinfacht und sicherer.

Versucht man auf einem kleinen Fleck zu landen, dann kann es einfacher erscheinen, die Autorotation zu beginnen, wenn das Modell mit dem Wind von einem wegfliegt und man dann im Sinkflug eine 180°-Kurve steuert. So kann man leichter diesen Fleck treffen, indem man den Radius der Kurve und den Sinkflug entsprechend wählt.

Gehen wir nochmals etwas zurück. Die Autorotation kann dazu benutzt werden, ein Modell mit stehengebliebenem Motor, oder beim Auftreten anderer Schwierigkeiten, zu landen, vorausgesetzt man hat es trainiert. Auch wenn man nicht an FAI-Wettbewerben teilnimmt ist es erforderlich, mit stehendem Motor sauber und glatt auf einem kleinen Fleck zu landen. Warum sollte man also nicht gleich versuchen in einem solchen Feld zu landen, auch wenn die Landungen noch nicht so gut ausfallen, aber weich sind?

Wenn also, abschließend gesagt, das Modell niedrig und langsam fliegt und man glaubt alles verkehrt gemacht zu haben, dann sollte man daran denken, daß ein Abschalten des Drossel-/Autorotationsschalters wahrscheinlich nur zu einem noch teureren Absturz führt!

Abb. 8.8   Der »Magic« von Robbe ist ein Hochleistungshubschrauber, der sich auch im Anfänger-betrieb bewährt hat.

Kapitel 9
Kunstflug

Ansprüche an die Funkfernsteuerung

Wenn man beschließt mit dem Hubschrauber Kunstflug zu machen, dann sollte man ernsthaft darüber nachdenken, wie weit man mit dieser Absicht in seinem Sport oder Hobby wirklich gehen möchte. Obwohl nicht unter allen Umständen erforderlich, so wird doch alles mit einer besonderen Funkfernsteueranlage für Hubschrauber viel einfacher. Das heißt, auf die Dauer auch preiswerter!

Wenn man aber eine übliche Funkfernsteuerung hat und nur gelegentlich einmal eine Rolle oder einen Looping fliegen will, dann kann man bei diesem Gerät bleiben. Nur muß man sich darüber klar werden, daß man damit keine runden Loopings

Abb. 9.1   Hubschrauber mit Einziehfahrwerk haben einen besonderen Reiz auf den Zuschauer.
Hier die S76 von PEKA

oder Rollen um die Längsachse fliegen kann. Auch das beste Gespann Kunstflug-Hubschrauber/Kunstflug-Pilot wird diese Flugfiguren ohne eine gewisse Hilfe durch eine besondere Funkfernsteuer-Anlage nicht sauber fliegen können.

Nehmen wir also an, Sie haben sich entschlossen den Kunstflug ernsthaft zu betreiben und beabsichtigen sich eine entsprechende Anlage zuzulegen. Sie sollten dann aber eine Funkfernsteuerung für Hubschrauber wählen, die zwei Gasvorwahl-Systeme hat und eine Vorrichtung für Drossel/Autorotation, alle mit getrennten Justierungen des kollektiven Pitch. Damit kann man Einstellungen für drei unterschiedliche Flugbedingungen vornehmen:

1. Schwebeflug-Figuren – Gasvorwahl 1
2. Kunstflugfiguren – Gasvorwahl 2
3. Schwebeflug – Drossel/Autorotationsschalter

Gasvorwahl 1

Man sollte sie so zur Einstellung einsetzen, wie man es bisher gewohnt war. Da aber nun eine weitere Möglichkeit für den Kunstflug vorhanden ist, kann man das Modell unempfindlicher machen. Normalerweise werden die Ruderwegeinstellungen auf »klein« gestellt. Ist die Empfindlichkeit des Kreisels einstellbar, dann wird sie auf »groß« gestellt. Es wird mit nur wenig negativem Pitch geflogen.

Man erreicht dadurch ein möglichst weiches Fliegen und im Idealfall sind die Steuerausschläge auf ein absolutes Minimum gestellt und die Kreiselwirkung auf möglichst hoch. Hauptziel ist ein sauberer Schwebeflug, wozu die Gasvorwahl so eingestellt ist, daß der Motor weitestgehend mit gleichbleibender Drehzahl läuft.

Nicht vergessen – das Abschalten beider Gasvorwahlen gestattet normales Gasgeben beim Anlassen. Es ist unerläßlich dies vor dem Anlassen des Motors zu prüfen, weil es sonst zu einem häßlichen Bruch kommen kann.

Gasvorwahl 2

Hier müssen alle Einstellungen im Flug ermittelt werden und die meisten sind das Ergebnis von diesem oder jenem Kompromiß. Die Wegeeinstellungen stehen normalerweise auf »groß«, die Empfindlichkeit des Kreisels auf »niedrig«. Der Grad des negativen Pitch kann, in außergewöhnlichen Fällen, so groß wie der verfügbare positive Pitch sein (später mehr darüber).

Die Ruderausschläge müssen ausreichen, um die geforderten Flugfiguren fliegen zu können – bei manchen Modellen kann dies heißen, möglichst groß. Versuchen Sie aber dennoch, zu große Ausschläge zu vermeiden, weil sie das Modell »unruhig« machen und das Modell dann zu viel Fahrt in den Flugfiguren verliert.

Die Kreiselwirkung hängt vom Piloten ab. Im schnellen Vorwärtsflug könnte man darauf verzichten. Er könnte sogar, wenn er zu stark wirkt, die Ausführung einiger Figuren behindern. Die meisten Modellflieger ziehen es vor, etwas Kreiselwirkung beizubehalten, aber normalerweise weniger, als beim Schwebeflug.

Die Drossel sollte so eingestellt werden, daß die normale Drehzahl für den Schwebeflug beibehalten wird, wenn der Knüppel für Drossel/Pitch ganz gezogen wird und zu vollem negativem Pitch führt.

Drossel/Autorotation

Wie zuvor erklärt, bringt diese das Drosselservo in eine vorbestimmte Stellung, wobei der Pitch aber durch den Drosselknüppel steuerbar bleibt. Zum Üben der Autorotation wird die Drossel so eingestellt, daß ein sicherer Leerlauf gewährleistet ist. Beim Fliegen im Wettbewerb muß der Motor abgestellt werden und das Drosselservo muß in die entsprechende Stellung gebracht werden. Eine oder zwei Funkfernsteuerungen für Hubschrauber besitzen eine zweite Drossel/Autorotationsmöglichkeit und gestatten so die Beibehaltung der Trainingseinstellung. Manche Anlagen bieten auch eine Vorrichtung, die automatisch die Drossel/Autorotationsfunktion wirken lassen, wenn der Drosselknüppel über einen bestimmten Punkt hinweg geführt wird.

Der Pitch wird in den negativen Bereich gebracht, passend zum Sinkflug in Autorotation. Normalerweise werden alle Begrenzungen des zur Verfügung stehenden positiven Pitch dadurch ausgeschaltet. Es wird so gewährleistet, daß zur Landung der maximale Pitch zur Verfügung steht.

Wenn man nur gelegentlich einmal Kunstflug machen möchte und nicht in eine der modernen

Hubschrauber-Fernsteueranlagen investieren will, dann kann man auch zu einer der verbreiteteren und nicht so teueren Anlage greifen, mit nur einer Gasvorwahl. Bei diesen wird die Gasvorwahl dazu verwendet, das Modell für den Kunstflug einzustellen und der normale Drosselbereich dient dem normalen Fliegen.

Vorbereitung

In allen bisher erwähnten Ausbildungsstufen gerät das Modell beim Lernen des Kunstflugs in viele außergewöhnliche Fluglagen. Es ist also wesentlich so gut fliegen zu können, daß man nicht mehr die Orientierung verliert. Ertappen Sie sich immer noch dabei, daß Sie aus Furcht etwas falsch zu machen zögern einen Steuerbefehl zu geben, wenn das Modell in einiger Entfernung sich in einem ruhigen Schwebeflug befindet? Trifft dies zu, dann müssen Sie daran arbeiten, bis Sie selbst überzeugt sind, damit fertig zu werden.

Durch einen untermotorisierten Hubschrauber wird es bei jedem Versuch von Kunstflug Schwierigkeiten geben. Bei einem Flächenmodell kann man in großer Höhe beginnen und dann drücken, um Fahrt aufzunehmen. Ein untermotorisierter Hubschrauber wird rasch Fahrt verlieren, wenn man irgendein Ruder betätigt und zum Stillstand kommen – wahrscheinlich auf dem Kopf. Dann wird es höchste Zeit einen altgedienten Motor zu ersetzen und wenn man schon dabei ist, das ganze Modell einer gründlichen Inspektion zu unterziehen.

Loopings

Für die meisten Leute bedeutet Kunstflug »Loopings fliegen« und damit wollen wir auch unseren Kunstflug mit Hubschraubern beginnen. Beinahe jeder Hubschrauber mit kollektivem Pitch sollte diese Flugfigur fliegen können, aber manche können es besser als andere. Im Zweifelsfall sollte man den Hersteller, den Importeur, den Fachhändler oder einen Fachmann am Ort um Rat fragen, wenn es um einen bestimmten Hubschrauber geht.

Gehen wir davon aus, daß man mit seinem Hubschrauber auch bei nicht alltäglichen Fluglagen gut zurechtkommt und auch die Technik einen zufrieden stellt. Dann muß man eigentlich nur noch das Modell auf eine sichere Flughöhe bringen, viel Vorwärtsfahrt aufnehmen und den Knüppel für die zyklische Blattverstellung ziehen und zuschauen, wie es herumkommt. Das wird wahrscheinlich sehr unordentlich aussehen (vielleicht ist das erst einmal notwendig, um mit außergewöhnlichen Fluglagen zurecht zu kommen), aber man sollte sich zu diesem Zeitpunkt noch nicht darum kümmern wie es aussieht, sondern was das Modell macht.

Hubschrauber reagieren höchst verschieden bei hoher Vorwärtsgeschwindigkeit. Manche reagieren bei steigender Fahrt stärker, andere weniger. Das ist nicht nur von Muster zu Muster verschieden, sondern sogar bei den einzelnen Modellen des gleichen Baumusters. Ich habe einen Hirobo »808« gesehen, der aus dem Schwebeflug einen Looping flog, während ein anderes Modell des gleichen Typs dies nicht tat. Einen Eindruck von den Eigenheiten seines Modells kann man gewinnen, wenn man steile Kehrtkurven fliegt; vielleicht muß man aber auch versuchen einen sauberen Looping zu fliegen, um zu sehen wie es sich verhält.

Was man aber keinesfalls zu diesem Zeitpunkt machen soll, ist auf die verschiedenen Ratschläge zu hören, wie man schöne runde Loopings fliegt. Machen Sie weiter, fliegen Sie schwabbelige, unsaubere »Figuren 9« und gewöhnen Sie sich an den Gedanken Ihren Hubschrauber herum zu bekommen.

Kommt es dabei zu Schwierigkeiten, dann dürfte es eine der folgenden sein:

1. Das Modell fliegt nicht über den höchsten Punkt des Loopings, sondern fällt im Rückenflug durch. Deshalb hat man in Sicherheitshöhe begonnen. Bleiben Sie bei gezogenem Knüppel und Vollgas. Das Modell wird sich selbst fangen.

2. Nachdem dreiviertel des Loopings geflogen sind, will das Modell nur widerwillig aus dem Sturzflug gehen. Auch hier gilt: Fliegen lassen.

3. Nach Beendigung des Loopings steigt das Modell wild nach oben oder verliert die ganze Fahrt in einer Fluglage, bei der die Rumpfspitze nach oben zeigt. Sind Sie darauf vorbereitet, den Knüppel nach vorn zu drücken, wenn das Modell in den waagerechten Flug übergeht. Sie werden das wahrscheinlich ohnehin müssen, um wieder in den Vorwärtsflug zu kommen. In dieser Situation werden manche Modelle an Drehzahl verlieren und die Rotorblätter können langsamer werden, während der Motor stark arbeitet. Sind Sie darauf vorbereitet den Pitch zu verringern, um die Drehzahl beizubehalten und auch die Steuerbarkeit.

Wenn man mit seinen unsauberen Loopings einigermaßen zufrieden und zuversichtlich ist, kann man damit beginnen, sie etwas zu »säubern«. Dabei beginnt sich die Gasvorwahl an Ihrem Sender als sehr nützlich zu erweisen.

Dann, wieder einmal auf Sicherheitshöhe mit reichlich Vorwärtsfahrt, zieht man den Knüppel und während sich das Modell im senkrechten Steigflug befindet, verringert man den Pitch auf Null. Während der gesamten oberen Hälfte des Loopings läßt man den Pitch auf Null und wenn sich das Modell im senkrechten Sturzflug befindet, gibt man positiven Pitch. Durch das richtige Dosieren von Ziehen und Pitch wird man irgendwann einmal einen schönen runden Looping fliegen können. Man wird wahrscheinlich feststellen, daß man dazu am oberen Punkt des Loopings etwas negativen Pitch benötigt (Abb. 9.2). Immer daran denken: Zuerst einmal überhaupt herumkommen, dann den Flugstil verbessern.

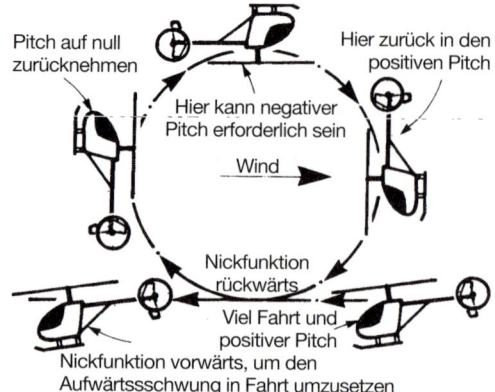

Abb. 9.2   Looping

Rollen

Bei einem Hubschrauber, der Rollen fliegt kommt es leicht zu Ungereimtheiten, wenn es auch wahrscheinlich einfacher ist, als Loopings zu fliegen, vorausgesetzt man hat ein geeignetes Modell. Mit manchen Modellen ist es einfacher eine einigermaßen gut aussehende Rolle zu fliegen, als einen wirklich runden Looping.

Wie beim Looping, sollte auch die erste Rolle nach einem Steigflug auf Sicherheitshöhe geflogen werden. Man nimmt reichlich Fahrt auf (mit dem Wind geht es besser) und hält dann die Rollfunktion; bis die Rolle beendet ist. Vor Beginn der Rolle sollte die Rumpfspitze leicht angehoben werden. Aber nicht übertreiben, sonst verliert man zu viel von der wertvollen Vorwärtsfahrt.

In welche Richtung man am besten rollt, hängt vom Modell ab. Gewöhnlich ist es die Richtung weg vom nach vorn laufenden Rotorblatt. Das heißt, nach rechts rollen bei einem sich im Uhrzeigersinn drehenden Hauptrotor und nach links rollen, wenn

der Rotor sich entgegen dem Uhrzeigersinn dreht. Dies ist aber keine feststehende Regel.

Der erste Versuch wird kaum eine saubere Rolle werden, sondern eher eine Faßrolle (Abb. 9.3). Man sollte sich aber deswegen jetzt noch nicht den Kopf zerbrechen. Wenn es Schwierigkeiten gibt, dann wahrscheinlich eine der nachfolgend beschriebenen:

1. Die Rollgeschwindigkeit ist sehr gering. Kommt das Modell nur in die Seitenlage und fällt dann, mit Rollfunktion gegensteuern, das Modell wieder aufrichten und ziehen zur normalen Fluglage. Ist man aber bereits in den Rückenflug gekommen, dann ist es am einfachsten zu ziehen und einen halben Looping in die normale Fluglage zu fliegen (wieder ein Grund, warum große Flughöhe wichtig ist).

2. Das Modell geht in den Rückenflug und rollt nicht weiter. Ziehen und mit einem halben Looping in den Normalflug gehen. Wiederholen, damit man sicher ist, nicht aus Schreck den Knüppel einfach losgelassen zu haben!

3. Die ganze Vorwärtsfahrt ist dahin, bevor die Rolle beendet worden ist. Die meisten Modelle werden die Rolle dennoch beenden, andere wer-

Abb. 9.3   Faßrolle

den in der Rückenfluglage beginnen durchzufallen. In diesem Fall ziehen und beten! Man verhindert dies durch mehr Fahrt, also einen starken Motor und ein sauber gebautes Modell. Auf keinen Fall in die Versuchung geraten zu drücken, wenn sich das Modell im Rückenflug befindet, weil dies die Fahrt rasch abbauen würde. Besser ist es, die Rumpfspitze etwas zu senken. Bei großer Erfahrung ist es möglich, ein untermotorisiertes Modell auch auf andere Art durch die Rolle zu fliegen, aber darauf kommen wir gleich zurück.

Wenn man die Kunst der unsauberen Rolle, der Tauchrolle, der Rolle mit Sturzflug und der Faßrollen beherrscht, kann daran gehen, sie zu verbessern. Hierher paßt unser alter Freund, die Gasvorwahl. Man beginnt die Rolle wie zuvor und wenn sich das Modell der Rückenfluglage nähert, nimmt man den Drosselknüppel zurück, um auf Null-Pitch zu kommen, oder in den leicht negativen Bereich. Nicht übertreiben! Ein im Rückenflug steigender Hubschrauber neigt dazu, das Zusammenspiel von Verstand und Fingern zu stören! Wenn das Modell aus dem Rückenflug in den Normalflug zurückrollt, Drosselknüppel wieder in die Normalstellung bringen.

Worauf man hinaus will, ist in Abb. 9.4 dargestellt. Hier wird der Pitch auf etwa null zurückgenommen, wenn das Modell auf der Seite liegt, geht in das Negative beim Rückenflug, zurück auf null, wenn der Hubschrauber auf der anderen Seite liegt und dann zurück in Normalstellung. Ständig üben, bis man weiche Rollen um die Längsachse fliegen kann.

Man kann auch auf eine andere Art die Schwierigkeit überwinden, die Fahrt durch die gesamte Rolle beizubehalten. Dies ist etwas für Piloten mit überdurchschnittlichem Können. Normalerweise fliegt das Modell beim Einflug in die Rolle mit hoher Vorwärtsgeschwindigkeit. Das heißt mit Vollgas und die Rumpfspitze ist geneigt, damit es nicht steigt. Wenn diese Fluglage durch die ganze Rolle hindurch beibehalten werden kann, wird das Modell ständig durch den Hauptrotor nach vorne gezogen. Damit man die Fluglage mit gesenkter Rumpfspitze in der Rückenfluglage beibehalten kann (Abb. 9.5), muß man so viel negativen Pitch geben können, wie positiven. Typisch sind 6° bis 7°! Natürlich wird durch diesen großen Pitchbereich das Modell in den meisten anderen Fluglagen schwerer beherrschbar.

Andere Flugfiguren

Mit einer Ausnahme die gleich besprochen werden soll, besteht das meiste beim Hubschrauber-Kunstflug aus einer Kombination von Looping und Rolle. Nehmen wir als Beispiel den Abschwung, halbe Rolle – halber Looping (Abb. 9.6). Man beginnt die Figur mit dem Wind mit großer Geschwindigkeit fliegend, rollt in die Rückenfluglage und behält diese eine kurze Zeit bei (Fragen Sie die Punktwerter Ihres Wettbewerbs, wie lange eine kurze Zeit ist). Dabei fliegt man mit null Pitch oder etwas negativem Pitch. Man beendet die Flugfigur durch Ziehen und positiven Pitch, wenn das Modell die senkrechte Sturzflugphase der Figur durchfliegt. Das ist einfach zu fliegen. Es ist aber schwer es richtig zu machen.

Die Ausnahme ist die bescheidene hochgezogene Kehrtkurve. Auch diese ist einfach zu fliegen, bis man versucht, wie es bei Wettbewerben gefordert wird, etwas länger im senkrechten Steig- oder Sturzflug zu bleiben. Die Einstellung des Pitch spielt dabei eine entscheidende Rolle. Bleibt man einfach beim positiven Pitch, wird das Modell beim Steigflug hintenüberfallen. Das wird alles noch erschwert,

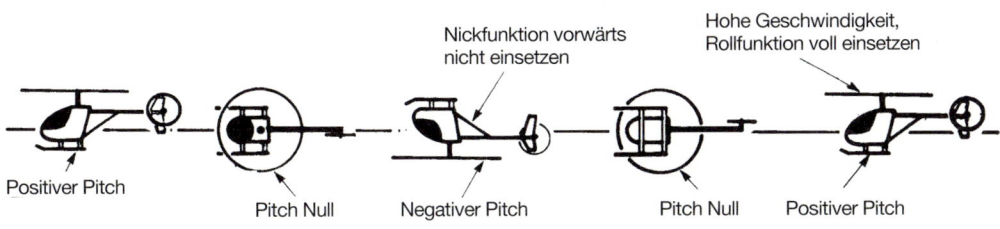

Nickfunktion vorwärts nicht einsetzen

Hohe Geschwindigkeit, Rollfunktion voll einsetzen

Positiver Pitch Pitch Null Negativer Pitch Pitch Null Positiver Pitch

Abb. 9.4 Rolle

Voller positiver Pitch, die Rumpfspitze ist immer noch gesenkt.

Voller negativer Pitch, Rumpfspitze
gesenkt, Nickfunktion nach hinten,
falls erforderlich.

Viel Fahrt, Vollgas und voller
positiver Pitch, Rumpfspitze
gesenkt.

Null Pitch

Null Pitch

Abb. 9.5   Rolle bei der die Rumpfspitze ständig gesenkt bleibt

weil der Steuerknüppel am Sender keinen Hinweis
darauf gibt, wo genau Null-Pitch liegt. Man muß
deshalb nach Gefühl fliegen und das Modell beobachten.

Alles bisher besprochene kann man in einer
Flugfigur zusammenfassen, der hochgezogenen
Kehrtkurve mit Rolle (Abb. 9.6). Die Figur beginnt
mit einem Viertellooping (Nickfunktion ziehen,
positiver Pitch), gefolgt von einem senkrechten
Steigflug (Nickfunktion neutral, null Pitch), einer
halben Rolle (Rollfunktion, voller Ausschlag), einem weiteren Steigflug (wenn Sie Glück haben!),
einer Kehrtkurve (volles Seitenruder), einem Sturzflug zurück zu dem Punkt, an dem man den Steigflug begonnen hat (immer noch null Pitch) und
einem weiteren Viertellooping (Nickfunktion nach
hinten, positiver Pitch) in den normalen waagerechten Flug. Was gewöhnlich eintritt, ist, daß dem
Modell in der halben Rolle der »Dampf« ausgeht
und es zurückfällt. Hat das Modell genügend
Schwung zur Beendigung der Rolle, so wird der
weitere Flugweg davon abhängen, ob der Steigflug
zu Beginn wirklich senkrecht, und der Pitch genau
null waren.

Die hochgezogene Kehrtkurve mit Rolle ist eine
der schwierigsten Flugfiguren. Es sollte selbstver-
ständlich sein, daß dazu ein sauber gebauter, stark
motorisierter Hubschrauber Voraussetzung ist. Auch
mit einem geeigneten Flugmodell ist ein beachtlicher Trainingsaufwand erforderlich, um eine er-
kennbare Flugfigur zu fliegen. Man kann nur die
allgemeine Vorgehensweise beschreiben, weil jeder Hubschrauber eine eigene Technik erfordert,
um zum gewünschten Ergebnis zu gelangen. Ganz
besonders wichtig ist es, mit der Richtung, in der
Rolle und Kehrtkurve geflogen werden zu experimentieren, um herauszufinden, wie sie besser gelin-
gen.

Das Problem am Sender festzustellen, wo genau
der Pitch wirklich auf null steht kann man lösen,
indem man einen Pitchbereich so wählt, daß voll-
ständiges Ziehen des Knüppels für die kollektive

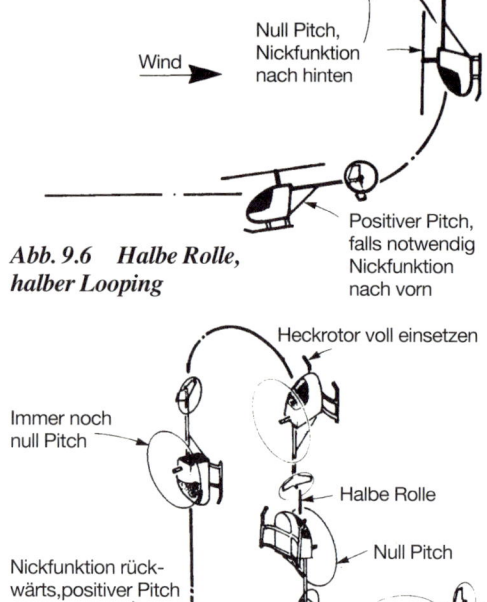

Halbe Rolle

Null Pitch,
Nickfunktion
nach hinten

Wind

Positiver Pitch,
falls notwendig
Nickfunktion
nach vorn

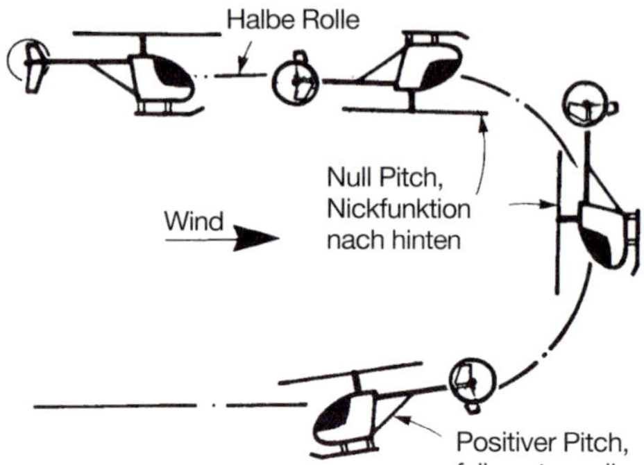

**Abb. 9.6   Halbe Rolle,
halber Looping**

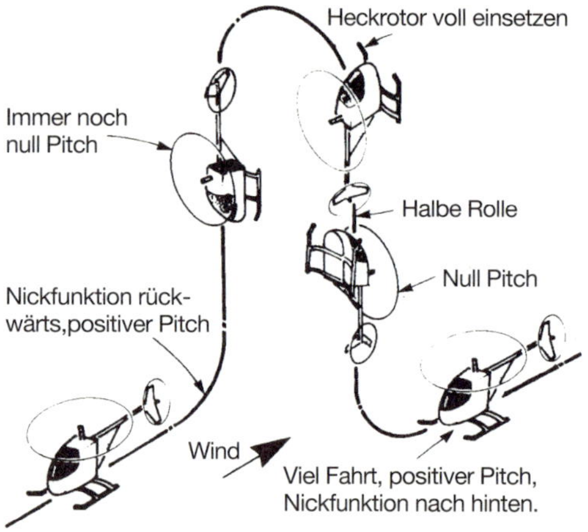

Heckrotor voll einsetzen

Immer noch
null Pitch

Halbe Rolle

Null Pitch

Nickfunktion rück-
wärts, positiver Pitch

Wind

Viel Fahrt, positiver Pitch,
Nickfunktion nach hinten.

**Abb. 9.7   Hochgezogene Kehrtskurve mit hal-
ber Rolle**

Blattverstellung genau null Pitch ergibt. Dies kann
auch beim Rollen einiger Modelle hilfreich sein,
kann jedoch an anderer Stelle Kompromisse erforderlich machen, wenn man dann über keinen Pitchbereich mehr verfügt.

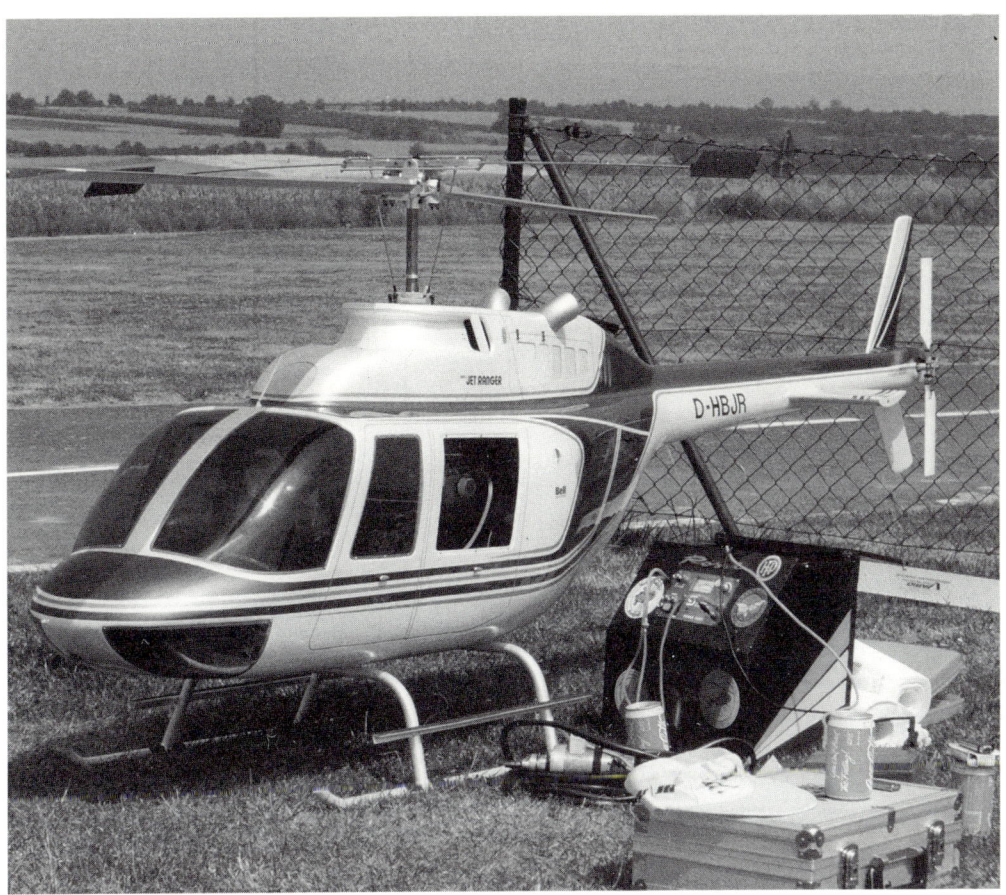

Abb. 9.8   Schon ein Großhubschrauber ist dieser »Jet Ranger« mit 15 kg Gewicht und einem Rotor-durchmesser von ca. 3m

Kapitel 10
Kunstflug für
Fortgeschrittene

Rückenflug

Abgesehen von einigen Eingeweihten, welche die »harte Gangart« bevorzugten (wir sprechen gleich darüber), ist das Auf-dem-Kopf-Fliegen eines Modellhubschraubers durch den »Rückenflugschalter« möglich geworden. Dieser kehrte die Wirkung der Pitch-, Höhenruder- und Heckrotor-Steuerkanäle um, so daß das Modell im Rückenflug genau so wie im Normalflug gesteuert wird.

Eine ganze Weile nach Einführung dieses technischen Fortschritts flog alle Welt den Hubschrauber im Rückenflug. Die Neuheit verlor aber bald an Glanz. Sie gilt heute als eine Art Taschenspielerei und nur noch wenige Hubschrauber-Funkfernsteuerungen haben den »Rückenflugschalter«.

Nehmen wir an, Sie möchten einer der wenigen Auserwählten werden und besitzen eine geeignete Funkfernsteueranlage. Sie sollten den Ausschlag des kollektiven Pitch so einstellen, daß sich ein Spiegelbild des normalen Ausschlags ergibt, wenn der Rückenflugschalter betätigt ist. Ist der normale Ausschlag, sagen wir einmal -3° bis +7°, dann sollte der Rückenflugausschlag +3° bis -7° betragen (Abb. 10.1).

Alles was nun zu tun ist, ist das Modell in Sicherheitshöhe in den Rückenflug zu rollen und den Rückenflugschalter zu betätigen. Das Modell wird sich nun völlig normal verhalten, aber eben auf dem Rücken fliegen. Die Orientierung kann dabei problematisch werden. Zunächst also Ruhe bewahren. In der Praxis wird das Modell im Rückenflug stabiler sein, da der Rotorstrahl nicht durch den Rumpf gestört wird.

Entgegen der landläufigen Meinung, arbeiten sowohl die Heck-Kompensation, wie auch der Kreisel, in dieser Fluglage völlig normal und die Pitch-

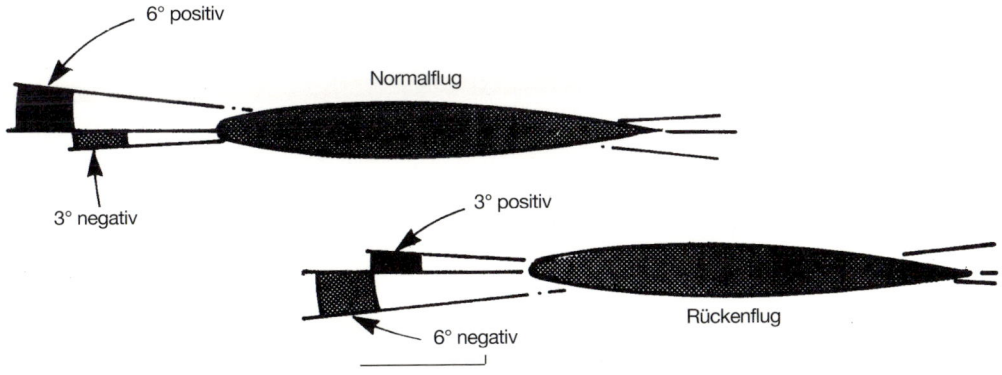

Abb. 10.1   Pitchbereich beim Rückenflug

steuerung erfolgt genau spiegelbildlich zu der beim Normalflug. Die größte Schwierigkeit bei dieser Flugfigur haben Piloten, die an Flächenmodelle gewohnt sind dadurch, daß sie sich selbst davon überzeugen müssen, daß wirklich alle Steuerfunktionen normal wirken.

Es ist aber dennoch möglich, das Modell auch ohne einen Rückenflugschalter auf dem Rücken zu fliegen. Verfügt man über sehr viel negativen Pitch, wie zuvor beim Kunstflug beschrieben, dann kann man das Modell auf den Rücken rollen und den Drosselknüppel ganz ziehen. Das macht man, wie stets, in Sicherheitshöhe. Man muß auch daran denken, daß die Steuerung des Hecks zu Beginn das Schwierigste ist. Es wird wahrscheinlich Kopfzerbrechen verursachen, wenn seine Wirkung entgegengesetzt der erwarteten ist. Ein Hubschrauber in der Rückenflugpirouette kann selbst den hartgesottensten Modellflieger weich machen!

Diese Methode verbreitet sich immer weiter und gereicht einem beim Kunstflug zum Vorteil.

Außenloopings

Es soll gleich vorweg gesagt werden, daß diese nichts für Angsthasen sind oder einen schlecht gewarteten Hubschrauber. Trotzdem sind sie möglich, was einige Piloten bewiesen haben. Natürlich ist dazu sehr viel negativer Pitch erforderlich!

Die Fluggeschwindigkeit beim Einflug in die Figur ist das Problem. Zu viel Fahrt ist für viele – aber nicht alle – Modelle von Nachteil. Man fliegt das Modell zu Beginn, so hoch wie möglich, mit dem Wind. Der Knüppel für die kollektive Blattverstellung wird ganz gedrückt und, so wie das Modell die senkrechte Sturzflugphase durchfliegt, gibt man vollen negativen Pitch (Abb. 10.3). Widersetzt sich das Modell, in den Rückenflug zu gehen, dann ist das beste, aus der Figur zu rollen und es mit gezogener Nickfunktion und positivem Pitch in die Normalfluglage zu steuern. Eigentlich sollte es durch die Rückenflugphase gehen, aber es verliert dabei

Abb. 10.2   Diese Bell »Huey« von Lent Mount gebaut, ist ein Beispiel für allerbesten vorbildgetreuen Modellbau. Das Modell hat eine vollständige Inneneinrichtung und alle Türen und Luken sind zum Öffnen. Es wird von einem Super-Tigre 0.75 angetrieben, der für dieses 8,165 kg schwere Modell ausreicht.

viel Fahrt und dies kann mancherlei Auswirkung auf den Steigflug in der Rückenfluglage haben.

Die geeignete Gegenmaßnahme hängt avon ab, wann das Modell nicht mehr weiter kann:

1. Zu Beginn der Steigflugphase ist die beste Reaktion, die Nickfunktion nach hinten einzusetzen, um die Rumpfspitze zu senken und dann aus der Figur herauszurollen.
2. Im senkrechten Steigflug gibt man volles Seitenruder, um eine hochgezogene Kehrtkurve einzuleiten. Dann geht man mit einem Viertellooping in den Normalflug über.
3. Nach dem senkrechten Steigflug: Nickfunktion vorwärts und in den vollen positiven Pitch gehen.

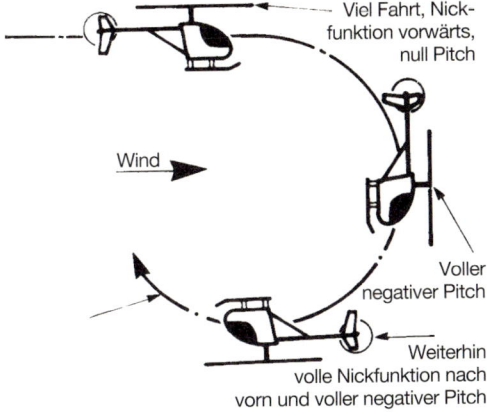

Viel Fahrt, Nickfunktion vorwärts, null Pitch

Wind

Voller negativer Pitch

Weiterhin volle Nickfunktion nach vorn und voller negativer Pitch

Abb. 10.3   Außenlooping

Aufeinanderfolgende Flugfiguren

Besitzt man ein Modell, das runde Loopings und Rollen um die Längsachse fliegt, dann kann es auch mehrere Loopings oder Rollen nacheinander fliegen. Die Grenze ist hier Ihre eigene Fähigkeit, das Modell durch die Flugfiguren zu steuern, ohne zu viel Fahrt zu verlieren. Diese Fähigkeit kann man nur durch ständiges Training erwerben und dabei werden bestimmt auch Modelle zu Bruch gehen. Der Lernprozeß wird bestimmt durch die Furcht verzögert, ein Modell zu Bruch zu fliegen und man

Abb. 10.4   Zusätzliche Ausrüstung, einschließlich abschießbarer Raketen und funktionstüchtiger Beleuchtung

Abb. 10.5   Der »X-Cell« von Minature Aircraft USA ist in den USA weit verbreitet. In Deutschland wird er von Ikarus Modellsport angeboten

muß darüber hinwegkommen oder etwas anderes beginnen. Dies ist die Erklärung dafür, daß die meisten der heute an der Spitze liegenden Hubschrauberpiloten irgendwie mit der Industrie zu tun haben!

Nun liegt es an Ihnen

Noch vor wenigen Jahren war es eine besondere Leistung, überhaupt einen Modellhubschrauber zu fliegen. Die Fähigkeit ein Programm zu fliegen machte einem zum Top-Piloten in der Welt. Man hielt einen Looping für möglich und es gab Leute, die behaupteten einen gesehen zu haben.

Der moderne Modellhubschrauber hat eine Entwicklungsstufe erreicht, in der es vergleichsweise einfach ist, sie zu fliegen und Loopings und Rollen sind alltäglich. Hat man dies erst einmal erreicht, dann liegt es künftig an einem selbst. Mit einem Hubschrauber kann man wirklich jede Flugfigur fliegen, die auch ein Flächenmodell ausführt. Einige Piloten haben bereits Vier-Zeiten-Rollen geflogen und rechteckige Loopings. Gerüchte erzählen von Autorotation im Rückenflug! Packen Sie es an!

Abb. 10.6   Fliegen auf einem solch engen Gelände ist grundsätzlich nicht zu empfehlen.

Kapitel 11 Fernsteuern – Zusammenfassung

Angenommen, Sie besitzen eine Spezial-Fernsteueranlage für Hubschrauber. Sie hat verschiedene Pitchkurven, Ruderweg-Einstellungen und einen Kreisel mit zwei Wirkungsgraden, mit Einstellmöglichkeiten vom Sender aus. Die nachstehende Zusammenfassung soll eine Übersicht geben über die bei FAI-Wettbewerben der Klasse F3C erforderlichen Einstellungen.

Anlassen und fliegen

Drossel
Voller Bereich von Vollgas (auf) bis abstellen (zu). Im unteren Bereich so einstellen, daß durch Drosseltrimmung die erforderliche Leerlauf-Drehzahl erreicht wird.

Pitch
Ungefähr -3° (min.) bis +7° (max.). Bei Mittelstellung des Drosselknüppels +4° bis +5°. Falls Pitchkurven-Auswahlschalter vorhanden, diesen auf »Normal« (N) stellen.

Zyklische Blattverstellung
So einstellen, daß ausreichende Wirkung im Flugprogramm gewährleistet ist. Ruderwegeinstellung auf »groß« oder »klein«. Das ist Geschmackssache.

Heck
Wie bei der zyklischen Blattverstellung.

Kreisel
Auf hohen Wirkungsgrad stellen.

Mischung Drossel/Heckrotor
So einstellen, daß das Heck bei steilem Steig- oder Sinkflug nicht pendelt.

Schwebeflug

Drossel
Vollgas (auf) bis Schwebeflug (etwas offen). Die ideale Einstellung ergibt die gleiche Drehzahl über den gesamten Pitch-Einstellungsbereich. Dazu kann es notwendig sein, den Vollgasausschlag zu begrenzen.

Pitch
Von großem Pitch, etwas geringer als normal, bis zu geringem Pitch, null oder etwas positiv. Mittelstellung wie beim Normalflug. Pitchkurvenschalter in Stellung »Idle-up 1«.

Zyklische Blattverstellung
Der für ausreichende Steuerfähigkeit kleinstmögliche Ausschlag. Wegeschalter in Stellung »klein«.

Heck
Wie bei der zyklischen Blattverstellung.

Kreisel
Höchstmöglicher Wirkungsgrad, ohne daß das Heck pendelt.

Mischung Drossel/Heckrotor
So einstellen, daß Heckpendeln verhindert wird.

Kunstflug

Drossel
Wie beim Schwebeflug, Vollgas muß aber möglich sein.

Pitch
Größtmögliche Einstellung aber so, daß beim Vor-

wärtsflug kein Drehzahlverlust entsteht. Geringer Verlust beim senkrechten Steigflug kann hingenommen werden. Geringste Einstellung so, daß sie den Erfordernissen des Kunstflugs entspricht – gewöhnlich -2° bis -3°. Mittelstellung wie bei Normalflug. Auswahlschalter für die Pitch-Kurve in Stellung »Idle-up 2«.

Zyklische Blattverstellung
Ausreichender Steuerweg für die erforderlichen Ausschläge bei Rollen und Loopings. Wegeschalter in Stellung »groß«.

Heck
Möglichst große Ausschläge für hochgezogene Kehrkurven und die Flugfiguren Hoher Hut. Ist ein Wegeschalter vorhanden und leicht zugänglich, kann man diesen auf Vollausschlag stellen und bei allen anderen Flugfiguren auf Wegreduzierung.
Kreisel
Auf geringe Wirkung stellen.

Drossel-/Heckrotormischung
Wenn möglich ausschalten.

Autorotation

Drossel
Beim Training auf langsamen Leerlauf stellen. Bei Wettbewerben Motor aus. Drossel-Autorotationsschalter in Stellung »ein«.

Pitch
Größtmöglicher Bereich von der größten positiven Einstellung (high) bis zu wenigstens -3° oder -5° bis -6°, je nach Erfahrung. Mittelstellung wie beim Normalflug.

Zyklische Blattverstellung
Wegeschalter in Stellung »groß«.

Heck
Nicht wirksam oder auf Null-Pitch stellen, wenn mit dem Hauptrotor noch mechanisch verbunden.

Kreisel
Nicht wirksam.

Drossel-/Heckrotormischung
Nicht wirksam.

Beachten Sie, daß die Mittelstellung des Pitchbereichs immer gleich bleibt, auch bei allen Stellungen des Auswahlschalters für die Pitch-Kurve. Wenn es erforderlich ist, die Stellung des Pitch-Kurven Auswahlschalters im Flug zu verändern, so geschieht dies normalerweise wenn der Drosselknüppel etwa in Mittelstellung ist. Jede Abweichung führt zu ungewollten Höhenänderungen, wenn der Schalter betätigt wird. So wird auch gewährleistet, daß man in dieser kritischen Phase nicht auf dramatische Art das Gefühl für das Modell verliert.
Manche Modellflieger können den Schalter für die Kreiselwirkung im Flug betätigen und den jeweiligen Flugfiguren anpassen. Dies erfolgt manchmal auch durch die Wegeschalter. Wenn man die »Schwebeflug-Drossel« und den »Schwebeflug-Pitch« steuern kann, so kann man auch diese im Flug justieren. Dies hängt aber alles stark von dem einzelnen Piloten und seinen Fähigkeiten ab. Manche können alle Möglichkeiten nutzen, die das Gerät bietet. Andere hingegen riskieren ihr Modell, wenn sie irgendetwas anderes, als die normalen Steuerknüppel im Flug betätigen. Bei ausreichender Erfahrung muß das jeder für sich entscheiden.
Einige der neuen Funkfernsteuerungen ermöglichen eine automatische Einstellung von Wegen und Trimmungen bei Betätigung des Pitch-Kurven Schalters (man nennt diesen jetzt »flight mode switch«). Eine sehr dienliche, aber noch sehr teure Einrichtung.

Die

Fach-
zeitschriften
für den
Modellbau ...

... natürlich
vom

Die **"FMT"** ist die Nr. 1 unter den Fachzeitschriften zum Thema Flugmodellbau; mit Bauplanbeilage.

12 Ausgaben pro Jahr Einzelheft DM 8,– Abonnement Inland DM 96,– (Ausland DM 104,40)

"SCALE" berichtet vier mal im Jahr über den Nachbau von Originalflugzeugen als ferngesteuertes Modell.

4 Ausgaben pro Jahr Einzelheft DM 9,– Abonnement Inland DM 36,– (Ausland DM 40,–)

Das **"FMT Kolleg"** vermittelt wertvolle Theorie für den Flugmodellbau.

ca. 4 Ausgaben pro Jahr Einzelheft DM 29,– Das Abonnement bezieht sich auf 4 Ausgaben zum Vorzugspreis von DM 98,– Inland und Ausland.